約翰・布雷克伍德 John Blackwood 著

洪萬生 / 廖傑成 / 陳玉芬 / 彭良禎 譯

MATHEMATICS IN NATURE, SPACE AND TIME

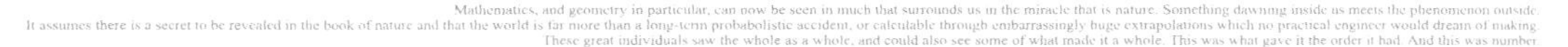

數學也可以這樣學

結合**數學概念**與**自然觀察**的華德福式學習法

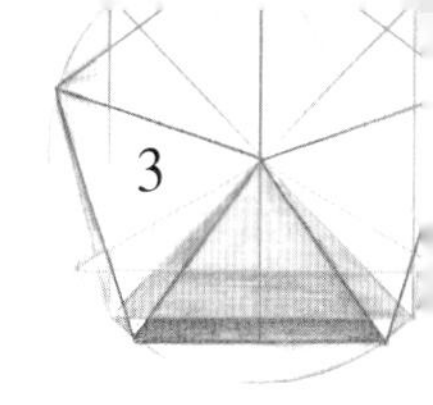

推薦序
幫助學生體會數學（美）無所不在

洪萬生

這一兩年來，「另類的」數學普及書籍成為出版商的注目焦點。以2015年出版的作品為例，除了數學小說（mathematical fiction）文類的繼續風行之外，像《這才是數學》這一類的書寫，高舉數學教育的基進（radical）改革旗號，內容基調卻回歸古典（classical），總是帶給我們一種「今昔時空」疊置，不知身心何所依違之感。不過，也正因為這種既在地又抽離的處境，讓我們可以從容地體會數學如何有趣，甚至如何有用。

本書《數學也可以這樣學》就是另一本這類的數學普及作品，儘管其中包括作者教給七、八年級學生的主要數學課程內容。作者約翰·布雷克伍德任教於澳洲史泰納學校——華德福實驗教育系統的一環，因而本書也被納入華德福教育資源（Waldorf Education Resources）叢書。平心而論，作者的數學觀點不如《這才是數學》的作者來得基進，不過，堅持數學的某些進路與練習，則並無二致。而所有這些，則都指向數學的有趣面向。譬如說吧，本書的英文原書名《*Mathematics in Nature, Space and Time*》，就是企圖說明數學在天生自然領域、在空間脈絡以及在時間的流變中的無所不在。作者更是利用本書例證，強調「數學是描述世界的一種語言——上帝所創造的一種語言」。對他來說，數學是一種真正的門道或法門，「引領我們進一步了解大自然這個工作室（workshop of nature）」，因為「吾人不僅可以相信有諸神的存在，甚至有可能去理解它們的全體大用」。換言之，數學在大自然界中的無所不在，都是上帝的神工，而理解或鑑賞它們的不凡與美妙，則是榮耀上帝的一條進路。

數學實作（mathematical practice）可以「接近神蹟」的華德福教育哲學主張，正是十八世紀西方自然神學（natural theology）的現代翻版。顯然，這種主張就是將數學實作類比為一種「靈修」的過程。因為誠如史泰納（Rudolf Steiner）在他的《靈性活動的哲學》所指出，

「有了（數學）思維活動，我們就已經掌握了靈性的一個小小的角落。」

既然是靈修，那麼，數學實作回歸古典，依循古代哲人的進路，似乎是勢所必然。這或許也解釋了何以作者那麼鍾愛希臘古典幾何學中的尺規作圖。事實上，本書第一章一開始的練習一和二，就依序是（在給定線段上）作垂線，以及二等分角的尺規作圖。而全書的尺規作圖練習，則多達十幾個。可見，作者在繪製幾何圖形時，就十分貼近地呼應希臘古典幾何的「精確」要求。

希臘數學家，比如最具代表性的歐幾里得，就視「精確圖形」與「尺規作圖」是一體兩面。所謂尺規作圖，是指運用圓規與沒有刻度的直尺，在有限多次的步驟中，畫出一個圖形。這是古希臘歐幾里得在他的經典《幾何原本》中，所允許使用的作圖方法。按照他的主張，只要不是運用這種方法所作出來的圖形，就不能稱之為存在，因而也就不是數學研究的合法對象。這種合法性（legitimacy）由於結合了嚴格的邏輯證明，使得圖形的「精確」顯得理所當然，從而它們的「存在」也就無庸置疑了。

現在，讓我們簡要介紹本書內容。按照知識內容來分類，各章主題依序是幾何、數論（number theory）、柏拉圖立體，以及克卜勒三大行星運動定律。 有關最後一章的科學史敘事，作者認為克卜勒的不朽成就，完全在於他「對大自然的節奏理解」，因而可以「成為真正的自然科學」。此外，作者還針對人體（小宇宙）和大宇宙的節奏之對應關係，指出人類可視為巨觀中的微觀，於是，「人是由上帝的形象被創造的」，乃成為數學靈修的最後徹悟。

至於本書前三章內容都曾經在《幾何原本》出現，再度地見證這部偉大經典在作者心目中的地位。事實上，《幾何原本》討論的部分主題如下：第 I、III 及 IV 冊是平面幾何；第 XI-XII 冊是立體幾何；第 VII-IX 冊是數論，還有，第 XIII 冊，亦即最後一冊，則是柏拉圖立體。附帶一提，這最後一冊的內容與前面各章幾何學（無論平面或立體）之關連，看起來在融貫性（coherence）方面上較為不足；亦即，這五個柏拉圖正立方體的存在，顯然並非歐氏幾何學知識系統不可或缺的一環，儘管本冊的所有命題之證明，當然還是完全依賴前面（相關）的命題。對於這樣的安排，數學史家猜測這是歐幾里得為了向柏拉圖「交心」，因為在有關知識本質方面，《幾何原本》被認為比較偏向亞里

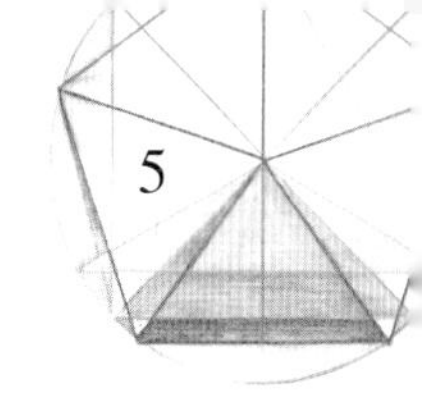

斯多德，他認為數學是被發明的，不過，他的師傅柏拉圖卻主張數學是被發現的，兩者明顯地有所不同。如將柏拉圖在《蒂邁歐篇》（*Timaeus*）中所塑造的造物主，轉換為基督教的上帝，那麼，作者的數學觀貼近柏拉圖主義，也就不言可喻了。

柏拉圖數學哲學所引伸出來的認知方法當然有其侷限，因為他的《米諾篇》（*Meno*）基於人生而有知，而認為知識是吾人只需經由「啟發」即可恢復的「前世」記憶（recollecting）。不過，本書所布置的數學練習，卻大大彌補了這個不足。經由摺紙及立體模型之（動手）製作，再輔以本書一再出現的尺規作圖，作者具體呈現了數學知識是吾人經由實作、再發明（re-inventing）而獲得的過程。這種「默合」亞里斯多德的現身說法，對於現代的數學教學現場，其實滿具有提醒的功用，非常值得我們注意。

以上，針對柏拉圖VS.亞里斯多德在（數學）認識論（epistemology）上的歧異，我做了一點起碼的釐清。我的目的之一，無非是想要指出：儘管華德福的教育實驗，是基於他們首重靈性活動的教育哲學，然而，無論他們的認識論是否完備，甚至是否可以讓本書內容來佐證，從教育的所謂成效來看，其實都無關宏旨。這是因為如果第七、八年級階段的數學教育理想，是希望幫助學生體會數學（美）無所不在，從而通過模式（pattern）的掌握來學習它如何有用，那麼，本書內容就可以在我們的學校課程中，占有一席之地了。

這麼說來，我們又將如何善用本書呢？為了要好好地感受數學那種令人無比驚奇的美，我強烈建議讀者好好地跟隨作者，做那五十八道練習。同時，我也希望讀者好好品味本書插圖，尤其是學生的作品，更是我們老師鼓勵學生在解題之外，應該著力的數學知識活動之範例。總之，本書是一本「另類的」數學普及作品，如果你也能運用另類的眼光來看待它，那麼，你就會有意想不到的收穫。

本文作者為臺灣師範大學數學系退休教授

推薦序
為數學教育提供一條新路

孫文先

英國數學家羅素（Bertrand Russell, 1872-1970）曾經說：「數學，如果正確地看，它不但擁有真理，而且也具有至高的美……。」更有許多數學家讚嘆數學具有簡潔性、和諧性、奇異性的美，它們以數學的符號美、抽象美、統一美、和諧美、對稱美、形式美、有限美、奇異美、神祕美、常數美等形式體現出來。義大利數學及物理學家伽利略（Galileo Galilei, 1564-1642）也曾經說過：「數學是上帝用來書寫宇宙的文字……它的符號是一些三角形、圓形等幾何圖形，沒有藉諸它們的幫助，我們就不可能理解任何一個字。」意即在宇宙、自然界、日常生活與動植物行為中，處處都存在著數學的蹤跡。

但是在我國的數學課堂中，傳授的內容幾乎只是有名無實的抽象概念、煩悶的計算與公式，老師的講課也是一道題目接著一道題目的解題，只期望學生能在各類型的考試中取得好成績。鮮有老師會花點時間告訴學生：巴特農神殿、人體上的黃金比；葉子在莖上以夾角為137°28"的黃金角排列，這樣使得通風、採光最好；花瓣的數量通常是3,5,8,13,21……的斐波那契數，而斐波那契數列前後兩項比趨近於黃金比；蜂房的構造之夾角為109°28"與70°32'，這是最省材料的結構；飛雁飛行成人字形，一邊與其飛行方向夾角是54°4"8'，這是阻力最小的飛行方式。老師們也很少提及：雅格布伯努利（Jakob Bernoulli, 1654-1705）所謂「雖然改變了，我仍然和原來一樣」的對數螺線；內接於圓的四邊形中，以正方形面積最大，但內接於球的六面體中，體積最大的不是正六面體，而其他面數的多面體都是以正的多面體體積最大；萊布尼茲藉由中國的易經的啟發，發展二進制，成為現代科學、計算機、密碼學等研究的重要工具；德國醫生發現人體潮汐現象、體力週期23天、情緒週期28天、智力週期33天，它們都呈現正弦曲線的變化。更幾乎沒有老師願意利用課堂或課餘時間，指導學生繪製或摺疊正多面體模型。在這樣的教學風氣下，無怪乎我們的學童徒具數

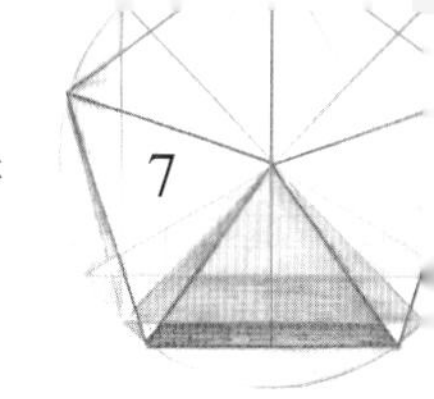

學解題知識，而空間想像能力匱乏、動手操作能力笨拙、美學素養貧瘠。

一位好的數學老師要教導學生獲得未來生活上必需的基本計算技巧、思辨能力與時空概念。一位好的數學老師不僅要傳授數學知識與理論，還要講出數學的魅力與樂趣。他應該引導學生們欣賞數學之美，讓他們嚐嚐數學家苦思不解的滋味與解決難題時瞬間迸發的喜悅，啟發學生的想像力，並使他們願意從事及渴望從事長期的科研工作。本書各章節提供許多活動與實作素材，使學生實際觸摸、感受、領悟與推廣許多重要的數學內涵。

很多人可能會質疑如果拿課堂寶貴的時間來做這些看似無益於提高考試分數的活動，對學習數學真的有幫助嗎？在此我要提出九章數學俱樂部的實際經驗與大家分享。聚會時我們從來不教數學解題，而是開拓學員的視野，養成學員自學的態度、動手的習慣、追根究柢的精神。經歷多年來的實踐，九章數學俱樂部的學員不僅在各項考試中都能名列前茅，由於他們長期浸淫在創新的思維中，他們在各領域的學術研究中也都是佼佼者。所以採用本書作者所引領的方式教學，不僅不會使課堂沉悶乏味，更能激發學生探索的精神，可誘導出學生特殊的才藝，建立其自信心，考試分數也自然提升不少，同時分組活動也可培養團隊合作的情誼。

很榮幸洪萬生老師帶領幾位中學數學老師中譯此書，本書是作者從二十多年的教學材料中摘錄成書，尚有許多有趣的數學活動內容可以再添入，希望在職的數學老師們模仿本書作者的教學理念，為本書疊磚添瓦。再者，現今電腦科技發達，許多動態繪畫軟體，如 Geometer's Sketchpad、Cabri 3D 等，提供幾何作圖的方便性與準確性，再加上強大的著色與動態功能，必定可使繪製的作品繽紛璀璨，希望懂得操作電腦的讀者可將本書發揚光大。當現今大家在高唱翻轉教育之際，本書為數學教育提供一條新路。

本文作者為財團法人臺北市九章數學教育基金會董事長

目　錄

Contents

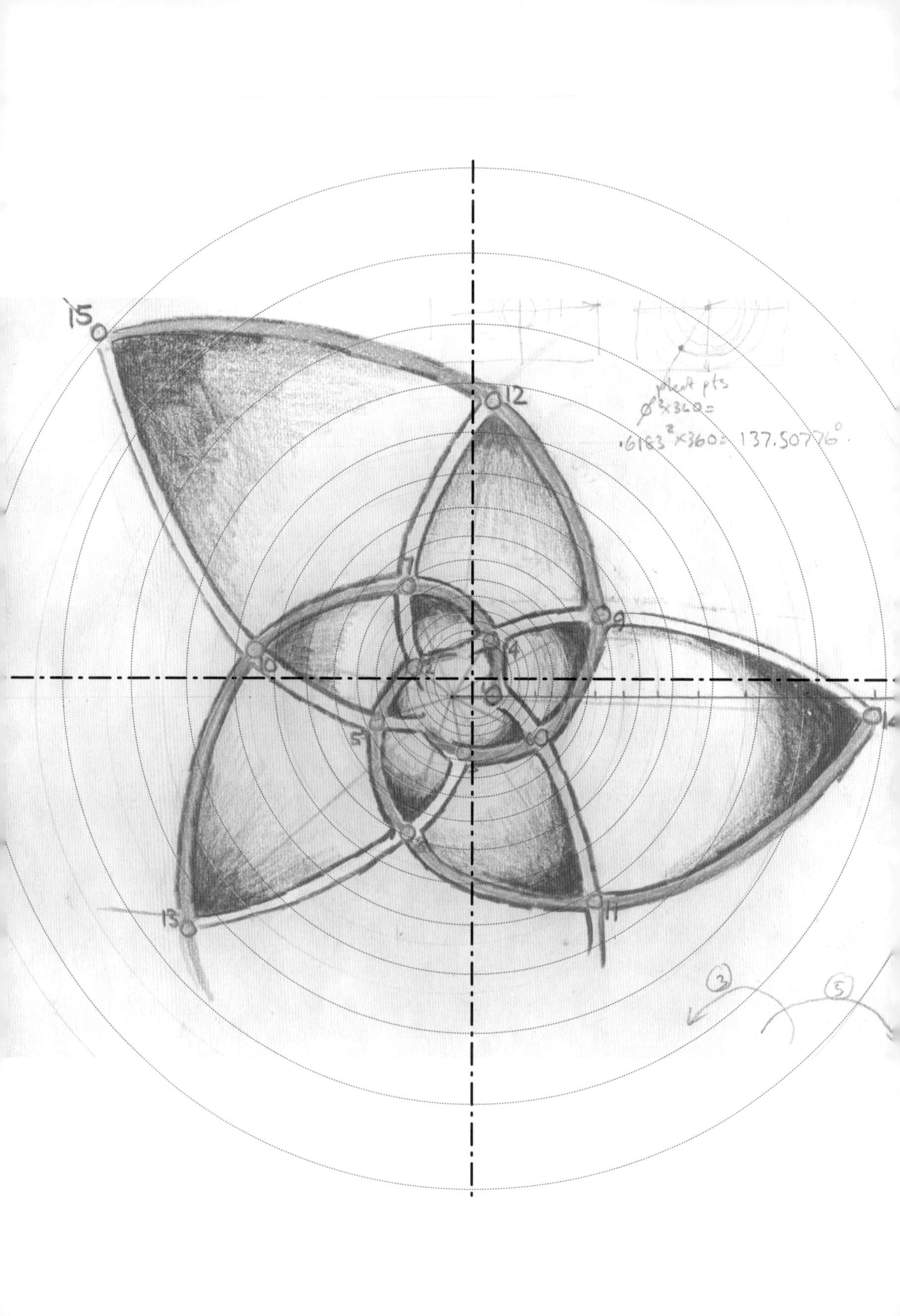

15
12
9
10
5
13
11
pts
ø²x360=
.6183²x360= 137.50776°

導論

一篇發表於《雪梨晨鋒報》(*Sydney Morning Herald*)的文章(2001年12月20日),引述了服務於家長所經營的教會學校的梅卡飛(John Metcalfe)所說的一段話:「孩子被教導說,數學是一種描述世界的語言——上帝所創造的一種語言……」

這也是我多年來的感受,而且,只要嚴肅以對,我認為這是可以走得非常遠的一條進路。這條進路認為自然之書(book of nature)有個祕密等著被揭露,還有,我們這個世界遠遠不只是一個長程的、機率般的偶然遇合,也不是透過各種令人不安的推斷過程而可以計算的,沒有任何具實務經驗的工程師會夢想可以這麼做。當然,吾人可以提出更多觀點,畢竟任**唯物論式(materialistic)**的科學壟斷了客觀性,是完全沒有道理的。

唯名論或是諸神的語言

有一種觀點主張,數學的世界是方便假設的理念(idea)構成的一種**唯名論式(nominalistic)**且抽象的集合體。這些理念本身沒有什麼真實意義,有的只是與理解「外在」(out there)世界有關的便利性與實用價值。雖然有些學者提過這點,不過數學是如此有用的這個事實,我們通常是視而不見。

另一種觀點認為,數學,在多元的意義上,是諸神的語言。可以說,我們的心智對數學與幾何概念的理解,只是「讓這個世界發生」的那些作用力的餘緒。這種觀點並不是假定我們的思想只是知識上的方便假設,只是心智的影子,它其實是一種真實不妄的通道,引領我們進一步了解大自然這個工作室(workshop of nature)。吾人不僅可以相信有諸神的存在,甚至有可能去理解它們的全體大用。這一直是我的態度,而且我發現經由大自然所展現的奇蹟,以及我們正在研究的這個主題之美,我更加確定此事。

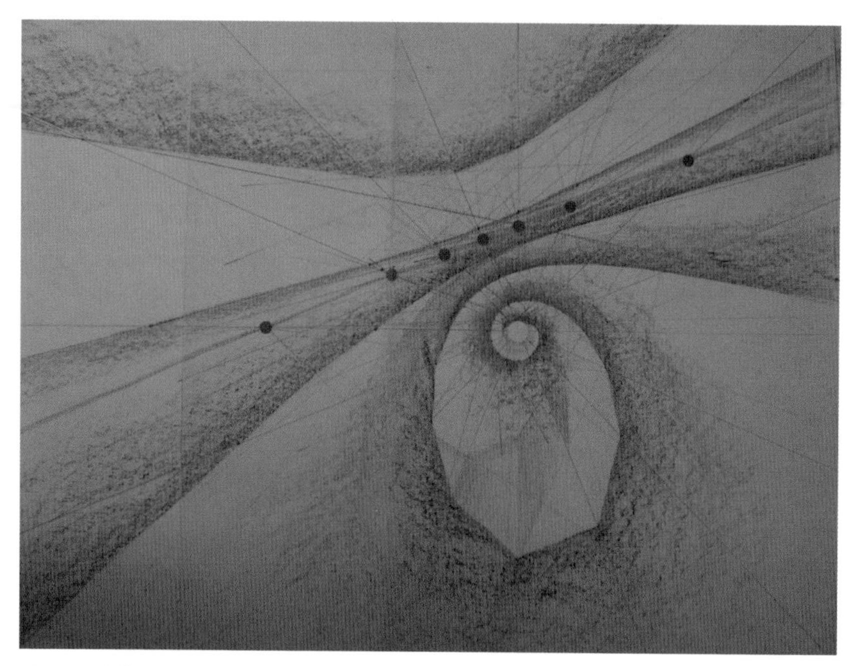

圖I.1　廣義的螺旋形

對我來說，莎士比亞所謂的「被思維蓋上一層灰色」(譯按：《哈姆雷特》，朱生豪譯)的，只適用於我們現在淺薄的智性，而非思想生命可以到達的最終境界——正如魯道夫·史泰納(Rudolf Steiner)在他的《靈性活動的哲學》(*Philosophy of Spiritual Activity*)一書所指出的：「有了思維活動，我們就已經掌握了靈性的一個小小的角落。」

無庸置疑，在這些角落中，還有各種變貌，而這整件事情可以無止境地辯論下去。儘管有著知識論上的精確，數學概念與細心觀察的現象之間的若合符節所帶來的驚喜，還是可以讓我們忙於探索、好奇，以及深感興趣——它們無疑也是重要的。

本書包括我教授七、八年級學生的主要課程內容。每一個課程單元都以超過三週的時間完成，其中在我們的學校，澳洲的史泰納學校(Glenaeon Rudolf Steiner School)，每天早上都有一個半小時的上課時間。

每位教師都以不同的方式教授這些課程內容，而其成果就學生、教師、地點及時間而言，都是獨一無二的。不過，對我而言，似乎存在著一條我們共同努力打造的「黃金線」。

對每一位老師來說，華德福課程提供了持續的挑戰。挑戰在於為學生發展逐年的課程，也透過它發展我們自己的專業。我常在想，如果我們無法以身作則，又要如何要求學生發展（興趣）、學習以及成長（身心）呢？如果我們做不到，學生如何做到？教師與學生之間，必須是一種等式關係。

這些內容是我們對數學主題的貢獻。

我也要感謝許多學生與友人，他們的作品供我作為書中舉例。我只能在此申謝。倘若我無法親自指明他們的貢獻，在此也要誠摯致歉。

更不用說，這些內容材料只是我個人的選擇，其他許多人會納入其他的選擇。

然而，這是我使用了二十多年的教學材料，也引起許多學生與同僚的興趣，光從我影印的份數就可以看得出來！

約翰·布雷克伍德

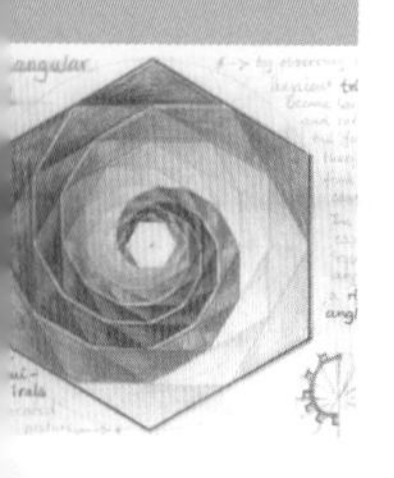

第一章　大自然中的數學

從青春期開始，年輕人便有一種越來越強的需求，他們希望能夠將他們對於世界的想法以及他們的實際經驗連結在一起。數學，尤其是幾何學，可以在我們周遭許多大自然的奇蹟中被發現。發自我們內在深處的某些東西，呼應了外在於我們的現象。

如果在孩子的教育生活與人文意識的成長和發展間，有一種對應關係，所反映的（西方）歷史時期，就是文藝復興的早期或文藝復興之前。這種連結生命這兩個面向的個人需求，在那個時代開始出現，也強烈展現在青少年學生身上。這種對自主思想的奮戰，在面對時代的主流信仰時，可謂步步荊棘，因為那時候的人認為如哥白尼、伽利略與克卜勒這些個人的研究成果，對他們的信仰充滿威脅。而在現在這個年代，年輕人的心智啟蒙也挑戰著我們！

此時此刻，我們要**記住（re-member）**：在學生的生活中，他們的作品、進路及探索，才開始要爆發，如同文藝復興時期的世界震盪與重塑。而我們需要走出原地，才做得到。

以下所呈現的一些教學主題概要，來自我多年前在史泰納學校教過的一個特別的主要課程，我試著涵蓋我認為屬於這個時代的內容。當然，還有其他許多內容可以納入，我並未假裝完備，這只是我在當時所提供的部分內容。

我按照當時授課的順序，選取一些典型的練習。有時候是課堂活動建議，有時候是練習的指引。

圖1.1　學生的作業簿封面，應該已經提示了三週主要課程的主題與內容（數學、人與自然）

技巧的複習與回顧

我們來看看幾個簡單的幾何作圖：平分一個角，並且畫一條線垂直於另一條線——就從這裡開始吧。

要用到圓規和直尺。對我而言，細心使用圓規永遠是必須被強調的事。準備一把好的圓規，兩腳不會擺動，也不會自動張開，還要有削尖的鉛筆；還要一把邊緣齊整的直尺，沒有被撞得歪歪曲曲。這兩種工具是必備的。直尺必須有三十公分或更長一些。

圖1.2　橫越雪梨上空的雙彩虹

圖1.3　畫一條線垂直另一條線，平分一個角，並且畫一道彩虹（圓規作業）

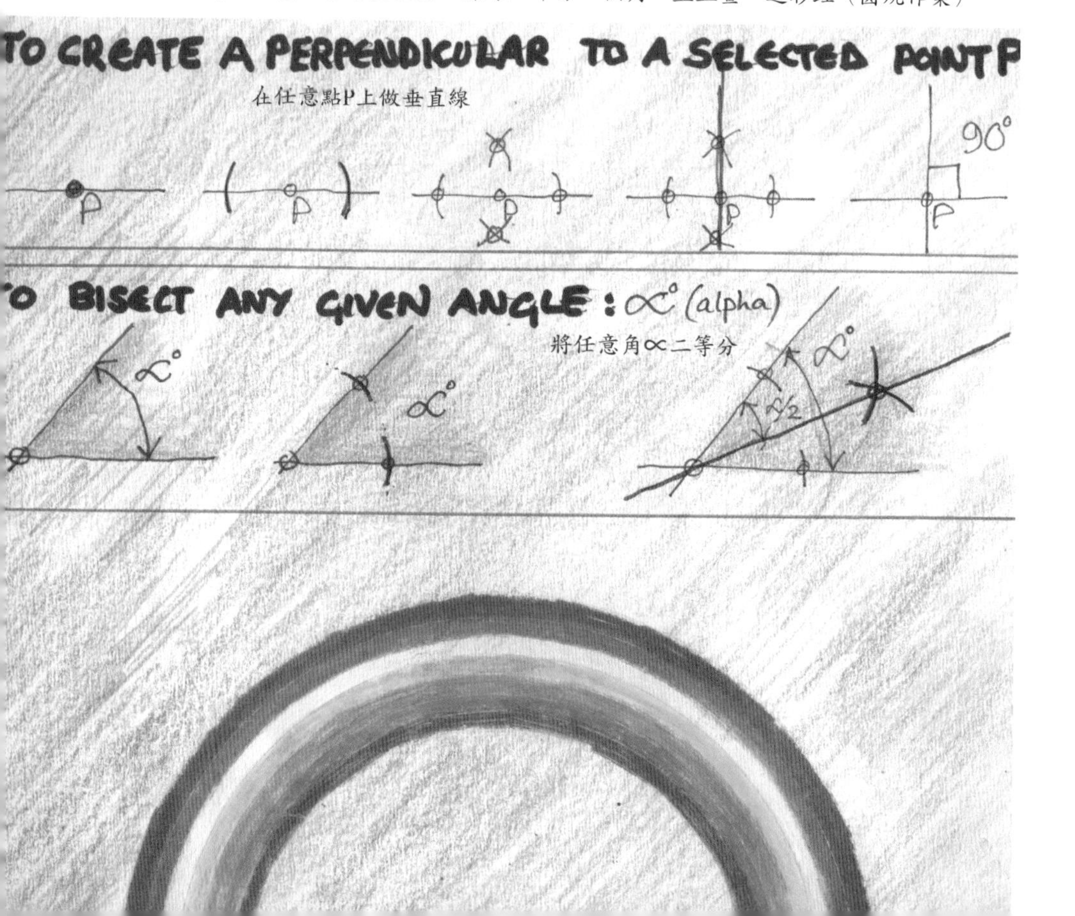

練習一：畫已知線的垂直線

一、畫一條線p，在其上置一點P，所作的垂直線將會通過它。

圖1.4

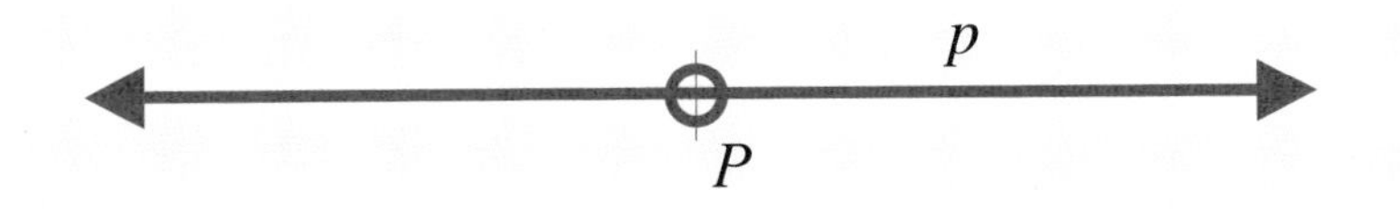

二、取（比方說）5cm 的半徑，將圓規尖點置於 P 點上畫圓，與直線 p 之交點標記為 A 和 B，在如圖1.5所示的 P 點兩邊。

圖1.5

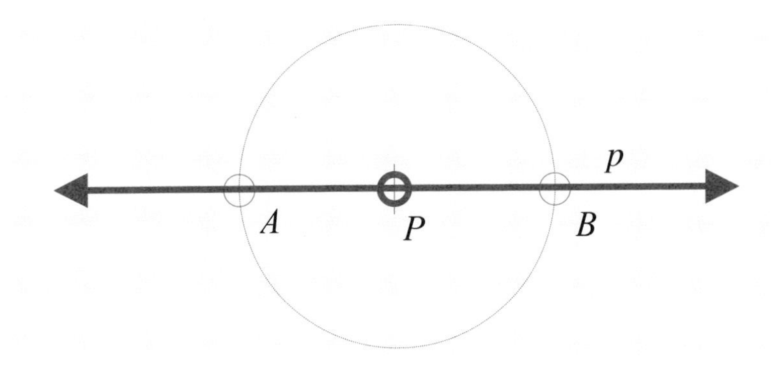

三、現在，以大於 5cm（比方說 7cm）的半徑，以點 A 和點 B 為圓心，分別畫兩條圓弧，使得它們相交於點 C 和點 D。

圖1.6

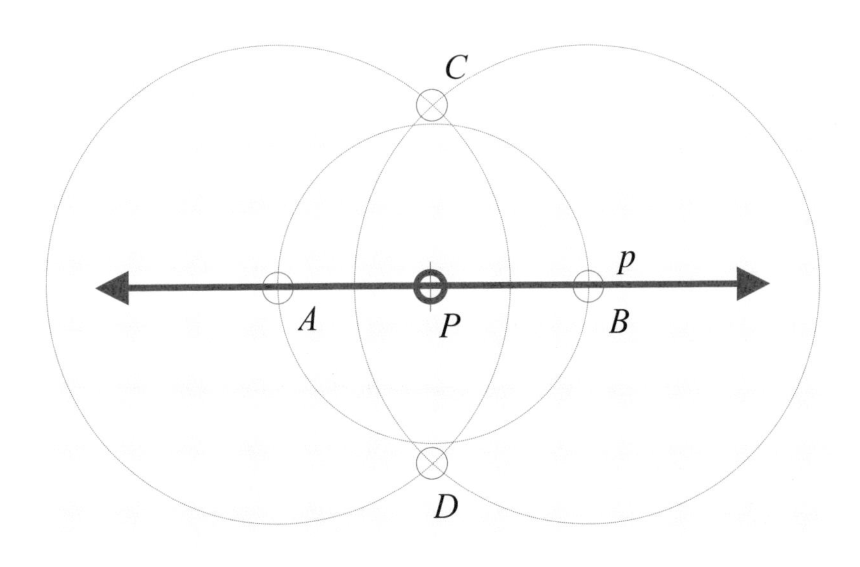

四、連接點 C 和點 D，我們就得到所求作的過 P 點垂直於直線 p 的直線。

圖1.7

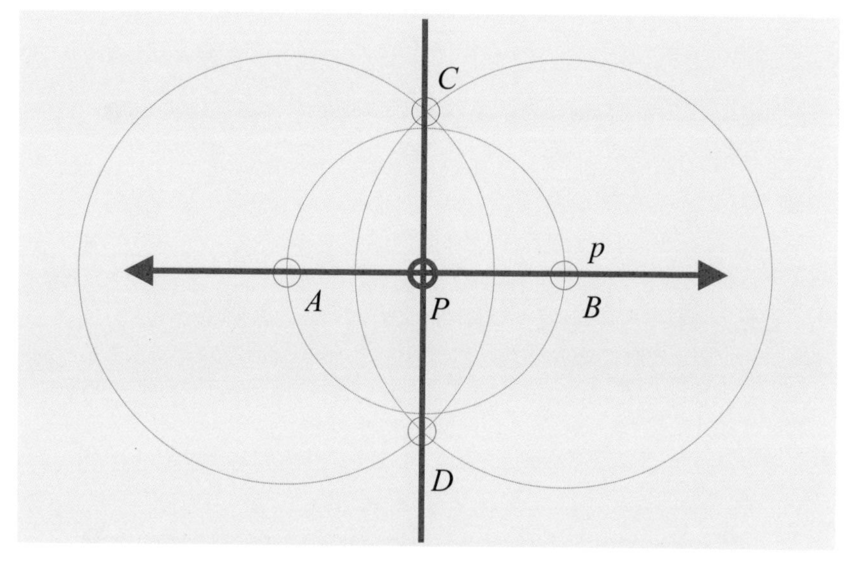

底下是一個更加簡單，屬於入門性質的作業：

練習二：平分任意給定角 α

一、畫直線 b 和 c，交於 A 點並形成一個角 α，這是兩線之間待平分的角。

圖1.8

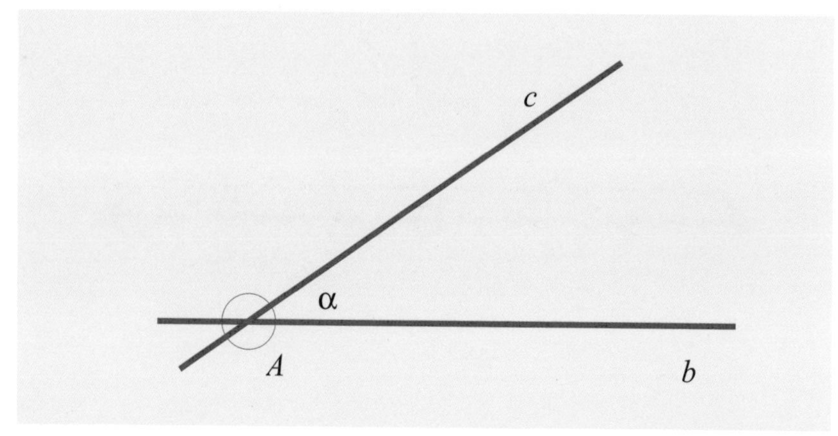

二、選一個半徑 AC 約為 5cm，並將圓規兩腳張成此半徑。置圓規尖點在 A 點上，且畫一個圓弧與直線 b 和 c 分別交於點 B 和點 C。

圖1.9

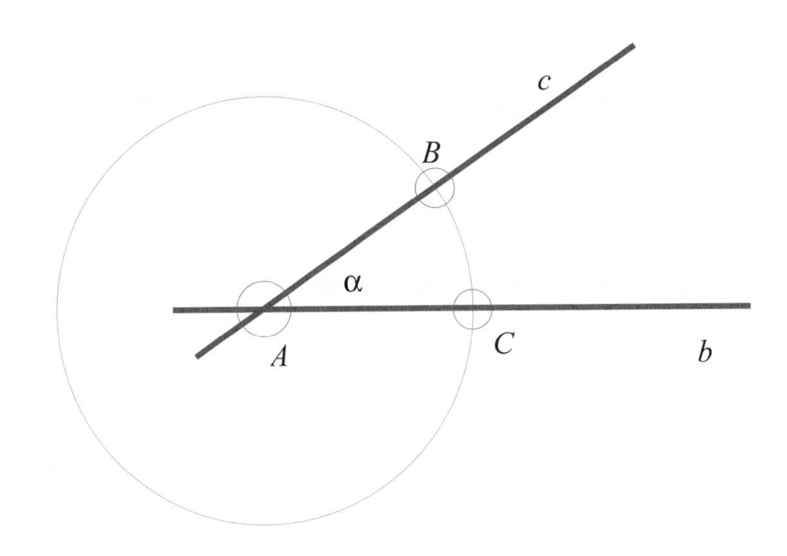

三、以同樣約5cm長的半徑，分別在點 B 和點 C 上畫圓弧，交於點 D。

圖1.10

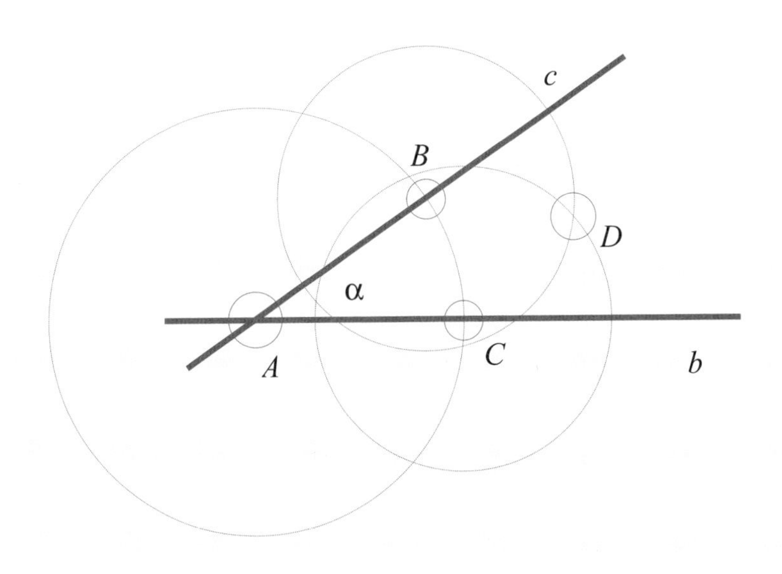

四、最後，畫直線 AD。這就是所求的分角線，其中 $\angle BAD$ 等於 $\angle CAD$，亦即 $\angle BAD = \angle CAD = \beta$，因此 $2\beta = \alpha$，得其所求。

圖1.11

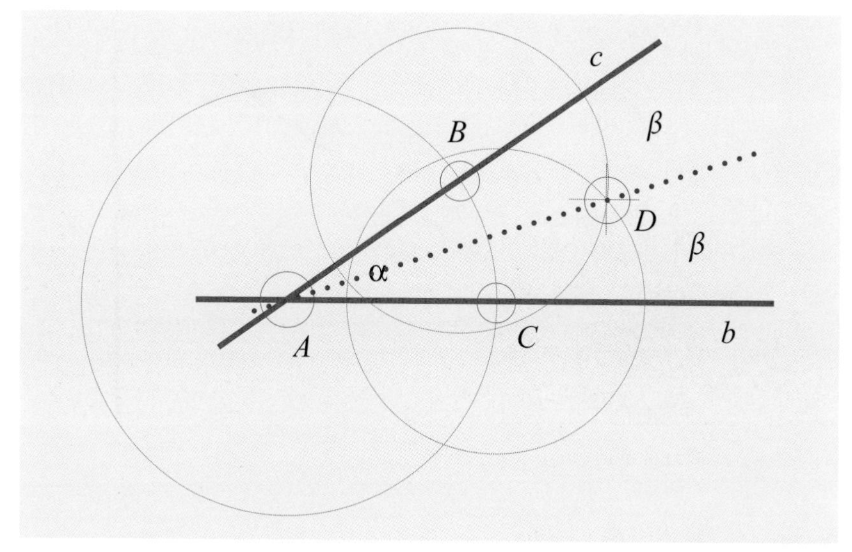

上述這兩個作圖將會用在未來的圖形上，只是在必要時簡短地引用。

練習三：彩虹

在大自然中，究竟是什麼擁有顯然的幾何結構？答案是：非常多東西，只要我們看得夠深入；而一個令人愉悅的候選者，經常現身於驟雨過後的烏雲間。

第三個練習是畫彩虹。當彩虹橫跨天邊時，要拍下這種令人驚奇的現象並非易事。畫出同心圓，然後塗上適當的顏色，是很棒的練習。注意，紅色是在明亮的虹（primary rainbow）之外，在黯淡的霓（secondary rainbow）之內。

通常虹霓有七種顏色。Richard Of York Gained Battles IN Vain是為紅、橙、黃等等而設計的一種記憶術。（譯注：西方順口溜。Richard對應Red，Of對應Orange，York對應Yellow，Gained對應Green，Battles對應Blue，In對應Indigo，Vain對應Violet。）

圖1.12　一道彩虹呈半圓狀

一、建立一條水平線（段）。

二、標記一點當作圓心。

三、取一把圓規使其半徑約為此線（段）的一半。

四、從圓心畫出八個半圓（表示有七個空間），其中每一個都比前一個大（比方說）3mm。

五、在圓與圓之間著色。

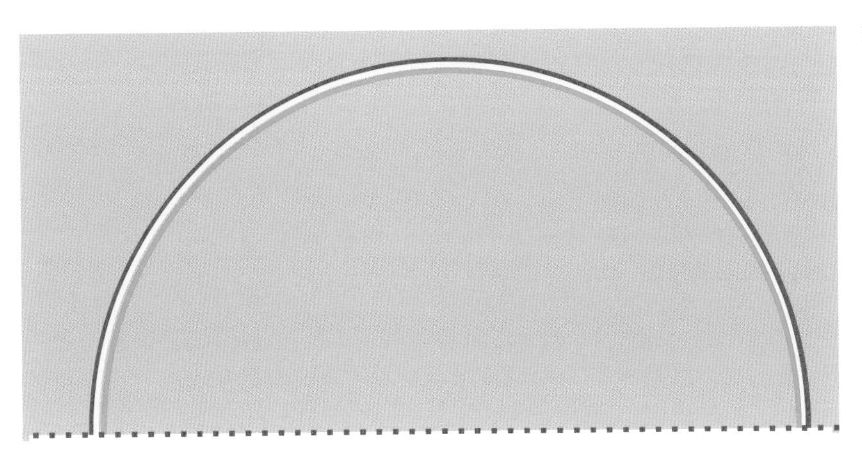

圖1.13

在灰紙上以蠟筆完成此一工作，它看起來可是令人驚奇。上圖所示只有三個同心圓，模仿雪梨清晨所見的一道真實的彩虹，當時陽光還不強。要將這種奇跡轉換成這種尺度，還保有魔幻般的光澤，幾乎是不可能的。

圓的形式

我們在哪兒看到圓形？丟一顆石頭到池塘裡，波紋會從撞擊源點往外發射擴散。

練習四：來自點與直線的圓

接續彩虹的繪製，將圓（周）分成十六個等分點，最終將得出一系列由相近切線的排列所構成之同心圓。

一、首先，在紙頁中間輕輕畫一條**水平**線，然後，利用上述作直角的方式，再作一條**垂直**線。兩線的相交處為點 O。

圖1.14

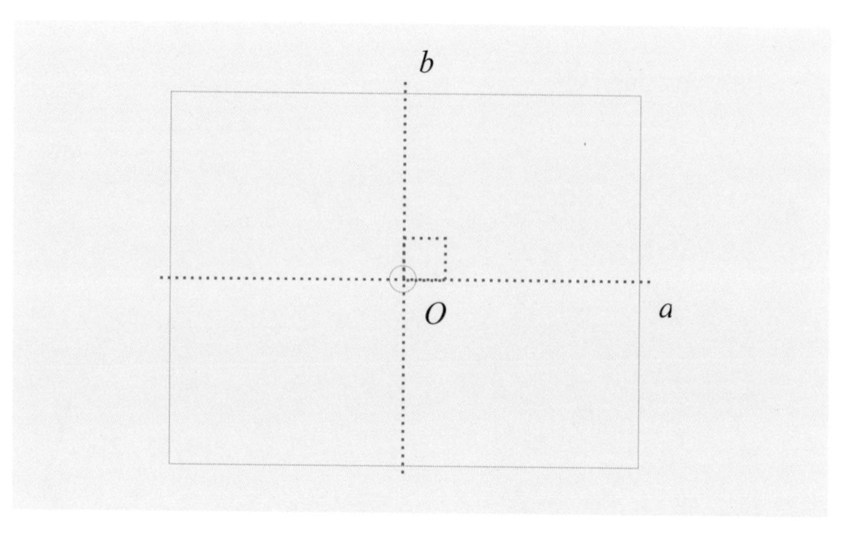

二、將兩邊的直角二等分。再將這八個新形成的角二等分。這將會造出圍繞點 O 的十六個等分點。現在，線與線之間的角是

$$360/16 = 22.5°$$

圖1.15

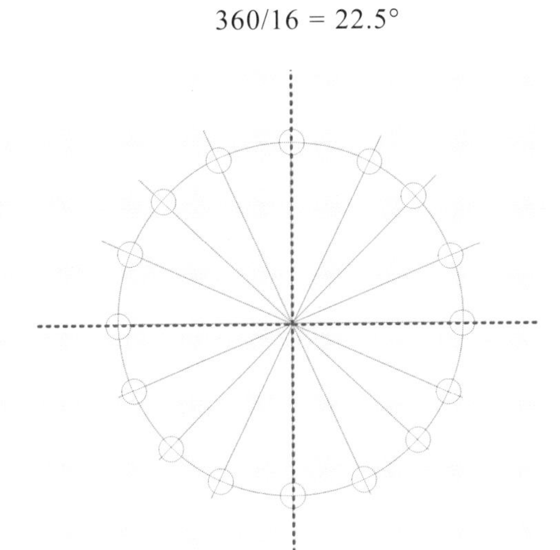

三、為了畫出一個同心圓，沿著圓周連接（比方說）每隔五份的分割點。以 1 到 16 的數字來標示，就容易依序連下去了。

四、從包含 $2 \times 16 \div 32 = 16$ 條直線的直線族（family）造出這樣的圓之後，試著再連接每隔六份的分割點，再試著連接每隔七份的分割點，等等。

圖1.16

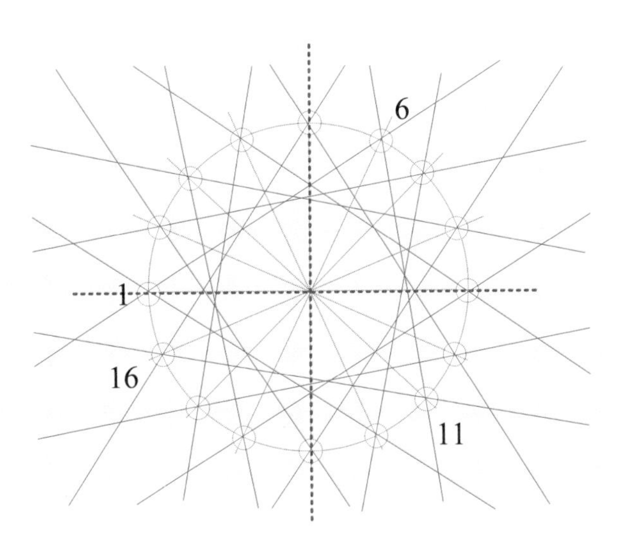

最終將導出一族近似圓（a family of approximate circles），它們都是由同心圓的切線所定義，如圖1.17所示。如果每一個如此得到的圓，是由不同顏色的直線所構成，那麼將成為一個有趣的圖形。我們因而獲得純粹由一系列有序的直線所構成的一個**形式（form）**。還會有更多這樣的東西。

這樣的繪圖表示直線不只連接點，還**超出（beyond）**它們。本質上，一條直線無限長，兩個點只是定義了它的位置。

圓形到處都是，花朵的螺紋、太陽的圓盤、月亮的面，以及池塘中擴散的漣漪。

下一個練習將多少探索這一點，也將帶我們看到沒有圓的規律性的形式，但它們仍然是協調與對稱的。

◀圖1.17　同心圓

▼圖1.18　往下在池水中看到的許多圓。你看得到嗎？

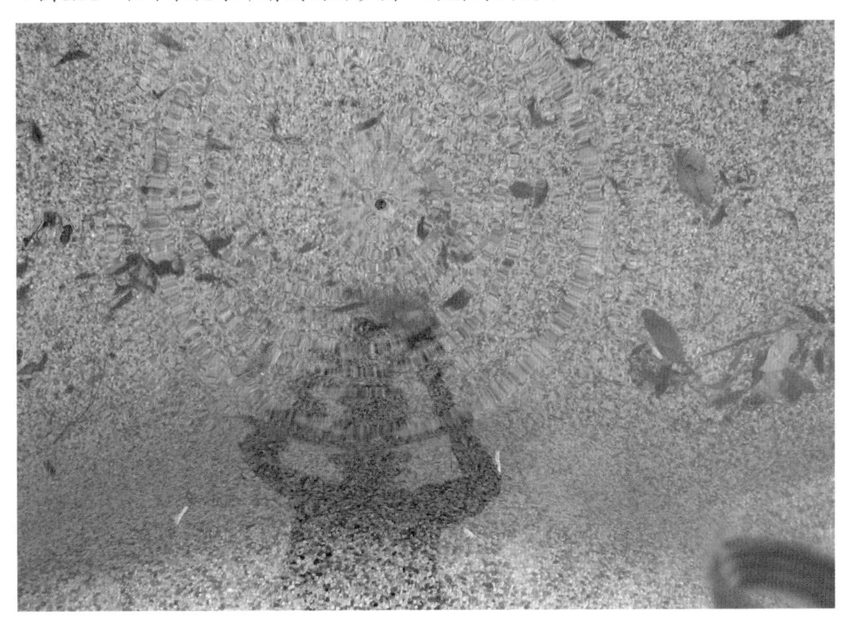

練習五：不對稱形式

圓的構成可以如上一個練習所示，不過在作圖上做一點小小的調整，就會出現相當不同的其他形式。讓我們先作圖，然後看看我們周遭是否有像它們的東西存在。

一、在頁面下方一點畫一條垂直線。

二、現在，通過 O 點，畫等角的輻線（radiants）。在本例中，我們選定每個區間為15°。

圖1.19

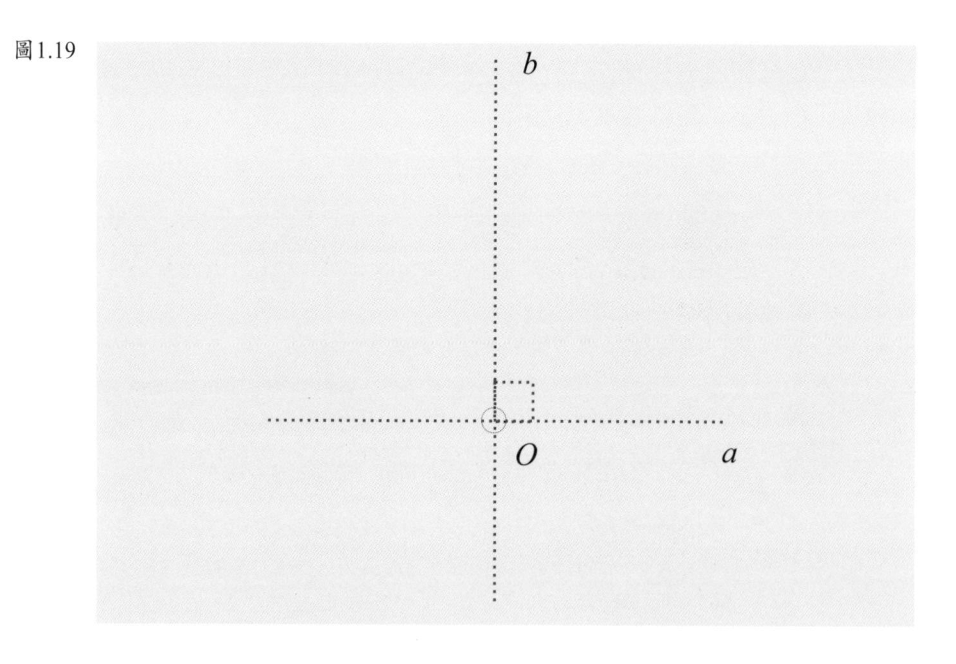

三、畫一個圓使其圓心略高於點 O。現在，以數字標示（從 1 到 24）圓與十二條幅線相交的點。

四、每隔五份點連接一條線穿過這個圖。（參看圖1.21）。這將造出第一條曲線。

圖1.20

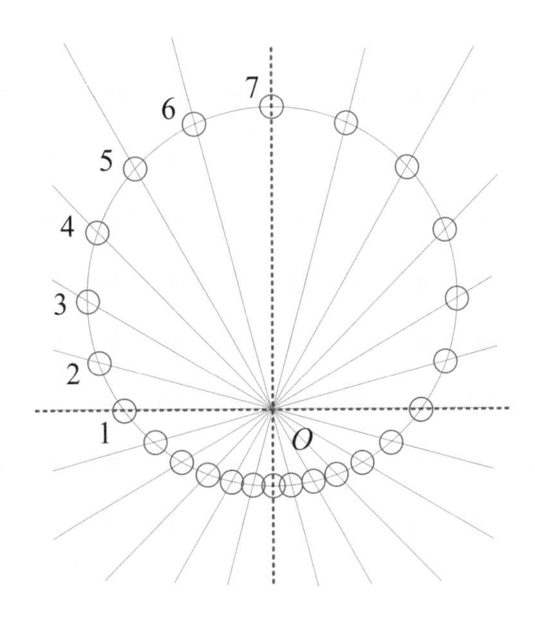

其次，正如之前作圖，以不同顏色的直線連接每隔兩份點、三份點等等，這給出了由切線所構成的卵形（oval）的若干近似。一整個系列的不同**形式**就出現了。

圖1.21

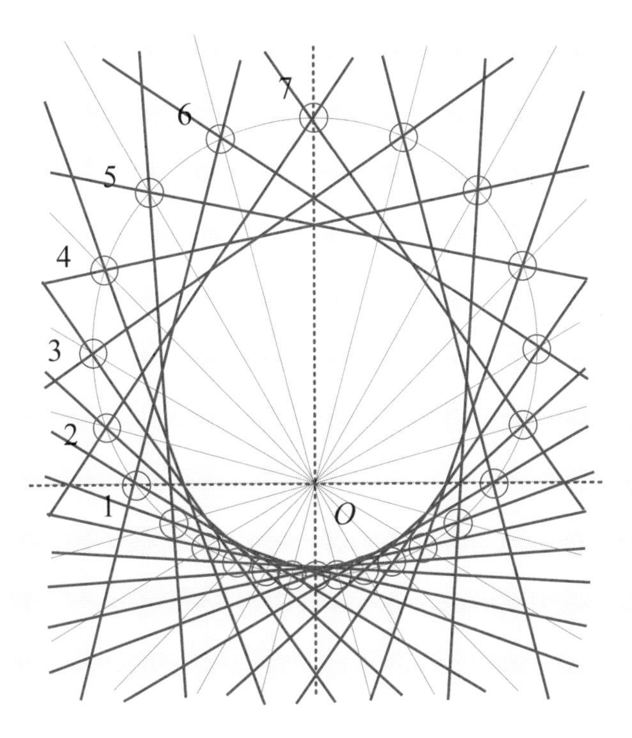

1
2
16
15
13
12
11
10
9
8
7
6

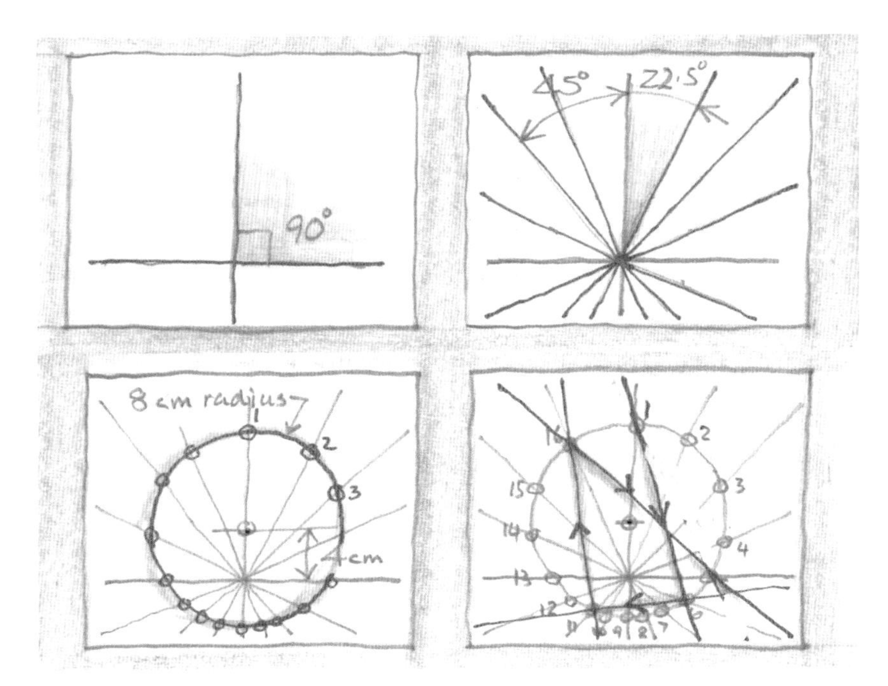

◀圖1.22　不對稱的卵形形式

▲圖1.23　卵形作圖

五、圖1.22的素描顯示這些曲線或卵形的全族（whole family）的某些部分。許多作圖如每隔六、七、八、九（等等）分點的連接，可以依此類推。在有中心的正圓中，這些直線構成同心圓（如圖1.17所示）。不過當這個圓偏離位置時，嵌套的卵形就會出現，讓學生看看他們是否能發現圓以外的任何規律。教師自己應該先試試。

如果選擇偶數標示的點，你必須有一個以上的起點，以得到完整的形式。至於奇數點，則終將回到同一起點。

你在生活周遭看過這樣的卵形嗎？這種形狀看起來有點像橢圓。暫且不管它們是否真的是橢圓，我們注意到某些蛋的形式，從外觀來看非常接近這些形狀。

鴯鶓蛋是很好的例子。經過精確的分析，顯示它很接近橢圓，但不完全是。其他的蛋也類似，不僅是鳥蛋。澳洲的動物，如鴨嘴獸和針鼴，也有橢圓的蛋形。如此已足以指出：在蛋及概念性設計的卵形之間，具有顯著的親屬關係。（見圖1.24）

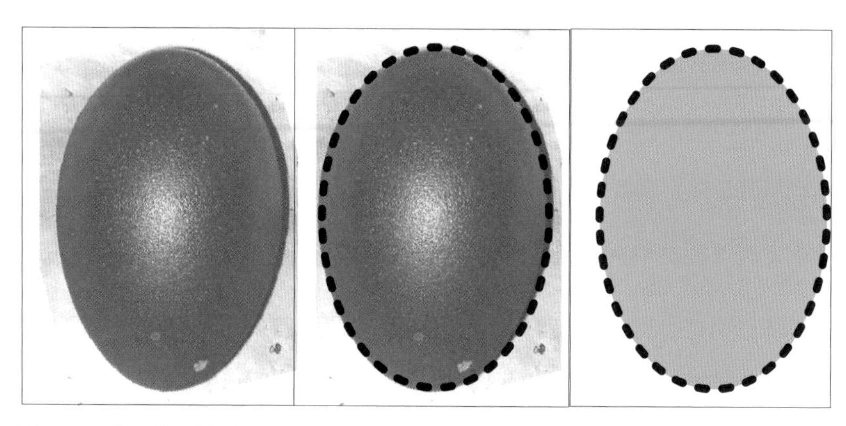

圖1.24　鴯鶓蛋及橢圓

如果以圓為起點，當圓一分為六時會發生什麼事情，將是值得探索的一件事。大自然中有六重特性（sixfold characters）的表徵嗎？關於這一點，是沒有多少疑問的。

六邊形的形式

我們畫過好多六重對稱的例子。我們要鼓勵學生找到他們自己的例子，越多越好。當許多雙眼睛（包括雙親及朋友）都到處尋找時，可以找到的資源會令人驚奇！

圖1.25　各式各樣的六邊形（圖說文字中譯，參見P.217）

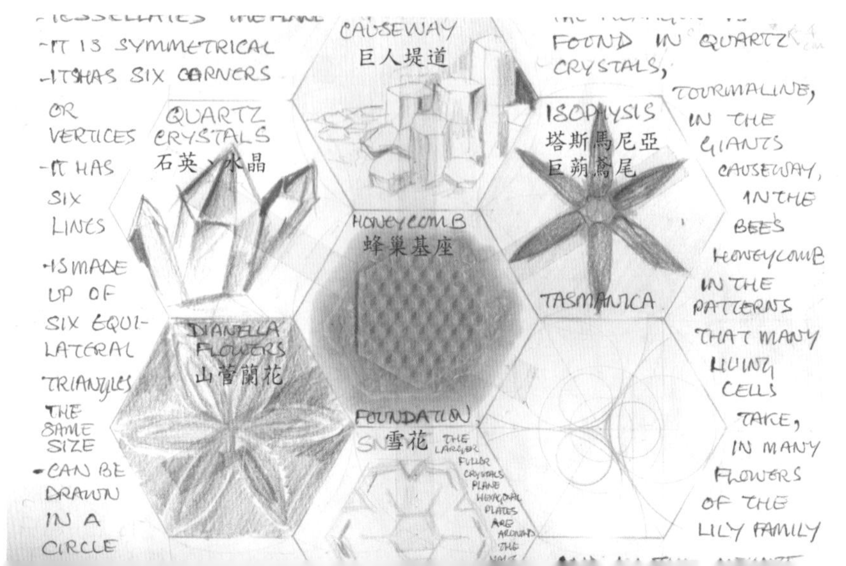

基本的六邊形很容易作圖。蜜蜂一直在做這件事，所以人工蜂巢基底的搭建可以由蜂蠟壓印而成。由於我自己養蜂，因此觀察蜜蜂如何利用或不用人工基底築房，相當引人入勝。石英水晶經常顯示一種六重對稱。許多花朵，尤其是百合家族，也展示了這個特色，正如同新南威爾斯州的太陽蘭花一樣。

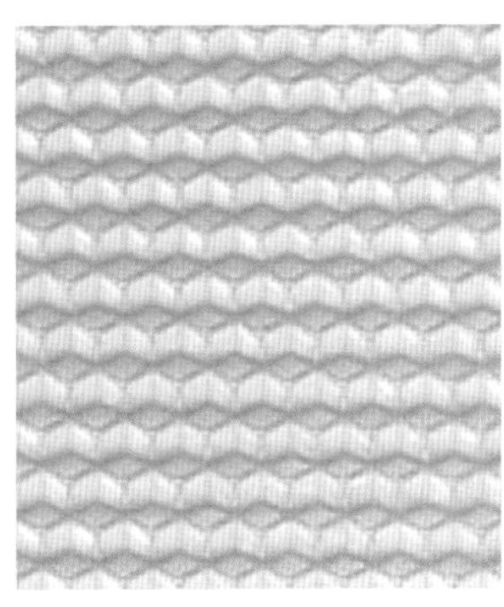

圖 1.26-28　水晶、花瓣及蜂蠟展示

我們要如何運用圓規、鉛筆和直尺來作一個正六邊形？簡單！

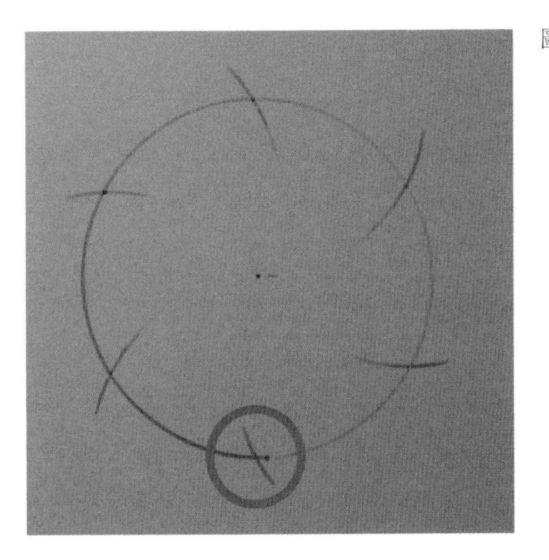

圖1.29　檢驗我們的精確度

對於自己作圖的精確度，有個好的檢驗方法，就是以圓規在圓周上畫六道弧線。那是精確的畫法，讓最後的圓弧既不會超過起始點，也不會搆不到起始點！試試看。

練習六：作一個正六邊形

一、畫一個圓，圓心為 O，半徑約5cm。通過 O 點，畫一條水平線，且標記線與圓的交集為（線段）AB。

二、將圓規（尖點）置於 A 點，持續使用圓的半徑（畫弧），標記出圓（周）上的兩個弧。針對 B點，也依樣畫葫蘆。

三、連接 A點到 C 點，C 點到 D 點，D 點到 B 點，B 點到E 點，E 點到 F 點，以及 F 點（回）到 A 點，我們得到所求的六邊形。

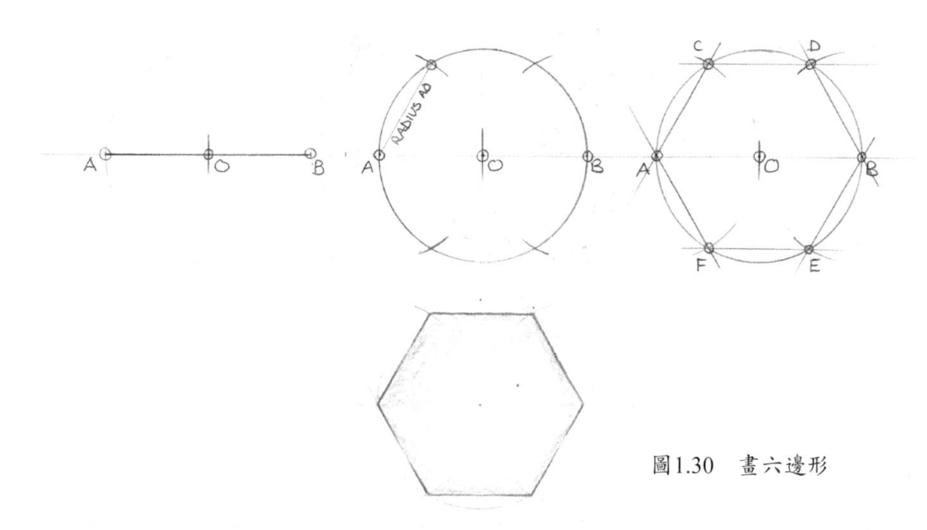

圖1.30　畫六邊形

練習七：造一個雪花

另一種在大自然中凸顯了六重對稱的六邊形，是雪花。

一、造一個紙片「雪花」，方法如下：取一張薄的 A4 白紙，用圓規在其上畫一個半徑約 8 cm的圓。

二、正如練習六一樣，作一個正六邊形。

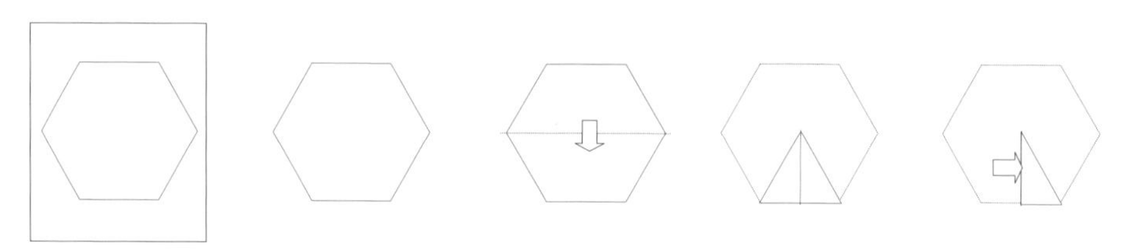

圖1.31

三、齊整地切下這個六邊形。

四、現在，沿著一條直徑對摺。

五、然後，對摺到其他頂點（角落），直到形成一個等邊三角形。

六、從這個頂點（原先是正六邊形的中心點）想像一條通到底邊的直線，平分（頂角）60°，再對摺一次。將留下一個直角三角形。

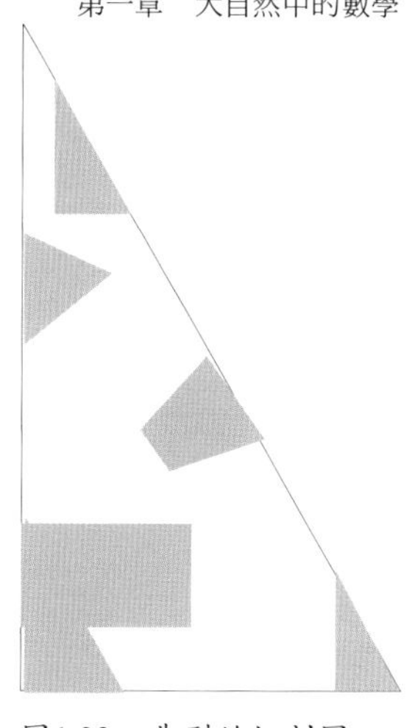

圖1.32　典型的切割圖

七、你可以用各種模仿雪花的方式來剪紙（參看 Bentley 及 Humphreys 的驚奇之作《雪片水晶》〔*Snow Crystals*〕，其中有種類繁多的雪花照片）。

八、展開所有的三角形，小心不要撕破紙張，如此我們可以得到一個巨大的「雪花」！學生通常會很喜歡這個作業。

圖1.33　切到紙片的雪花

螺線的形式

像上述這樣的練習，讓我們看到在自然的形狀中，有如鏡像一般，反映了我們的心智可以按幾何或數學方式想像的東西。這意謂「數學」隱藏在自然的寬廣和表現式中嗎？可能是另外的情況嗎？理念只是有名無實的抽象概念嗎？這些問題或許較次要，但的確是許多科學家問的問題。

起初，形式是簡單且易於建構的。現在我們討論的形式，是按特別的方式**彎曲**。這樣的形式也存在於大自然間嗎？首先，想想一個簡單的螺線。

阿基米德螺線

阿基米德螺線也被稱為繩索螺線（或是拉菲草餐墊〔raffia place mat〕幾何學）。這是一種用一段繩索就很容易構成的螺線。先握住線或繩的一端，旋繞一個緊密的圓，繞到握住的端點，再繼續旋繞下去。這個螺線有個特性：每繞一圈，螺旋就以相同的幅度變大一點。這是個線型的特徵，它會逐步遞增，只要繩子（或拉斐草）夠長！

圖1.34, 35　繩索作為典範：一條阿基米德螺線

練習八：阿基米德螺線

如下所示，這條螺線由學生所繪製。

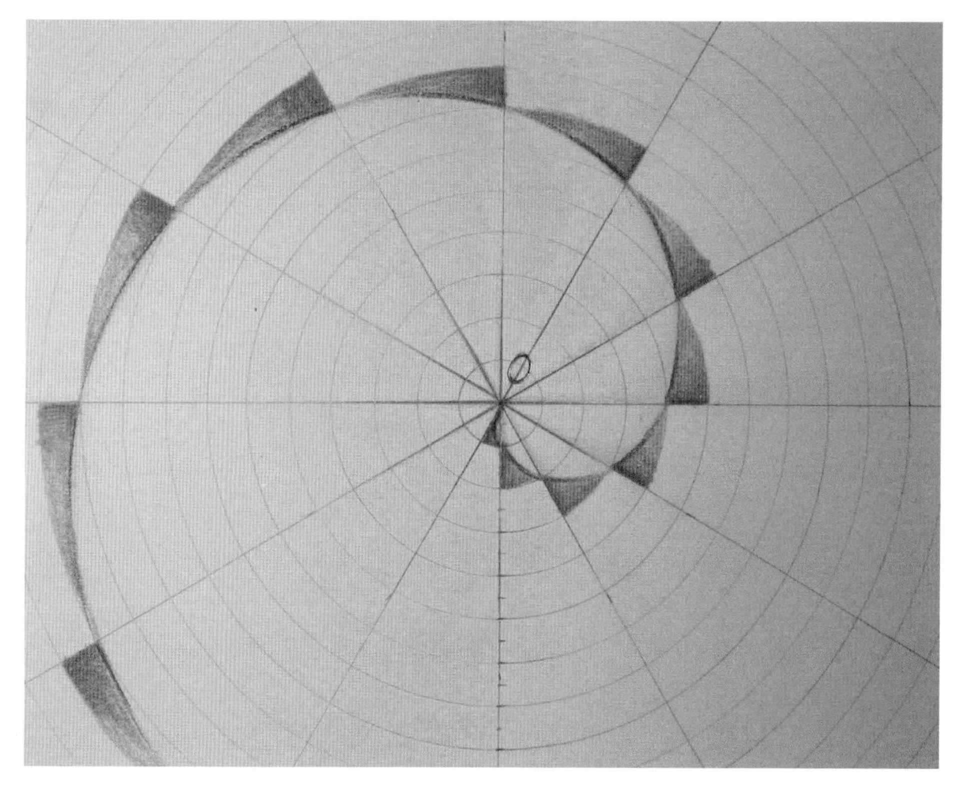

圖1.36

一、畫垂直和水平軸。

二、以 O 點為中心，畫同心圓，每一次以5mm遞增。

三、繞著 O 點，每隔 30° 畫一條幅射線。

四、從圓心開始，沿著幅射線依序往外畫，每道弧線30°，然後繼續往外輻射。

這是一條特殊且定義明確的螺線。不過，就我所知，它在大自然中並不那麼普遍。如果你找到這樣的螺線，請與我分享。

練習九：許許多多的螺線

到此，環視四周，看看學生是否能夠在各式物品中，盡可能找到更多的**一般**螺線形式。少數幾個樣本如下所示。畫畫素描吧。

學生應該看看他們周遭可以找到多少例子，以素描的方式畫出來，從貝殼到銀河系，水漩渦到頭髮（男人和女人、男孩和女孩，頭髮長得都不一樣嗎？）。

圖1.37　突尼西亞的蝸牛殼（Terry Funk）

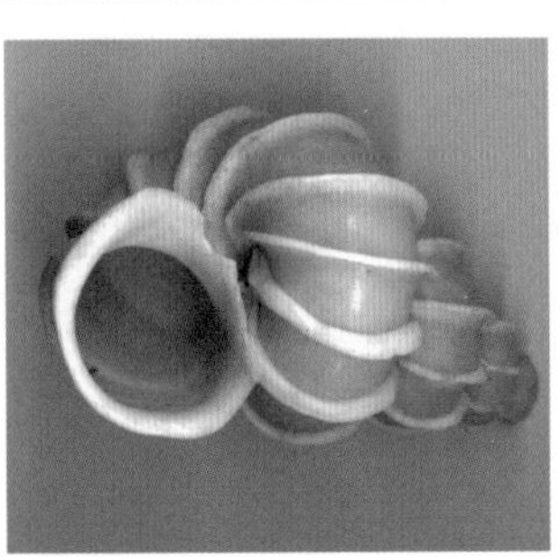

圖1.38　綺蛳螺（Epitonium）種的貝殼

圖1.39　來自福萊貝格的鸚鵡螺化石

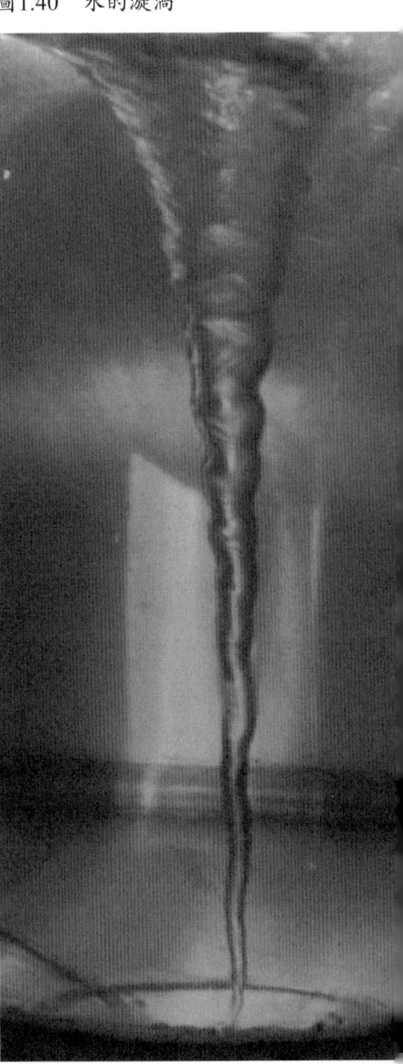

圖1.40　水的漩渦

螺旋貝殼、渦輪貝、鸚鵡螺

渦流、漩渦和颶風渦的螺旋

頭頂螺旋

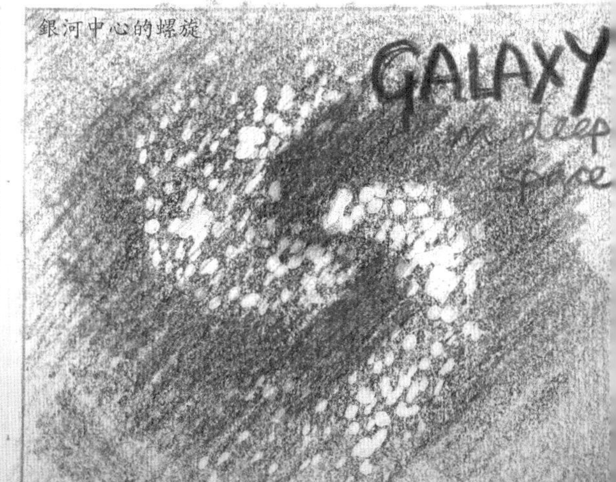

銀河中心的螺旋

圖1.41

等角螺線

還有其他種類的螺線。其中一種就是等角或對數螺線。有趣的是，我們可以再度運用六邊形畫出一個簡單的等角螺線，稍後將再說明。也就是說，我們是利用圓和六邊形來作圖。不過需要幾個基本的作圖方法。

練習十：平分一個線段

我們將需要一個平分給定線段的方法。當然，這可以運用直尺的度量來完成，但正如此處所示，從幾何觀點來看，運用圓規和直尺來（尺規）作圖更加優雅，而且這是值得擁有的一項技能。

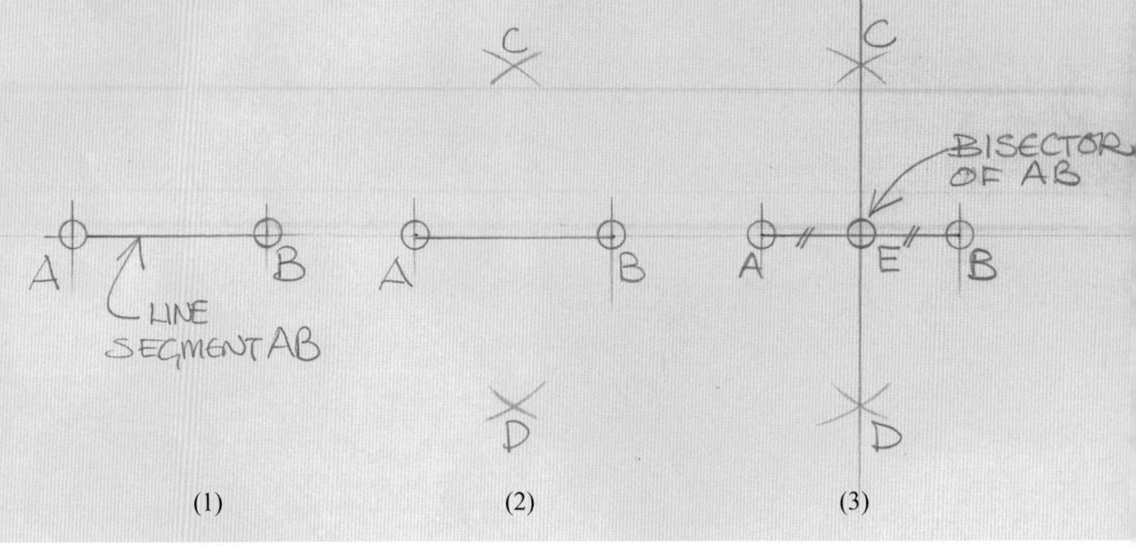

圖1.42　線段的平分

一、畫線段 *AB*，這是待平分的線段。

二、置一個圓規，使其兩腳所張之半徑約等於距離 *AB*。分別在 *A* 和 *B* 點畫弧，使雙弧交於 *C* 和 *D* 點。

三、連接點 *C* 和 *D*，直線會穿過 *AB* 線段。這個交點 E 就是使得 *AE* 等於 *EB* 的位置，因此也就平分了線段 *AB*，得其所求。

練習十一：經由一系列六邊形作出來的等角螺線

現在作一系列六邊形，層層相套，越來越小，但按一定順序。當然也可以以反方向，畫越來越大的六邊形。這個系列持續下去，往外越來越大，往內越來越小——永遠到不了中心點。

一、畫一個半徑（比方）10cm的圓。在這個圓上，作一個如稍前作業（練習六）所示的六邊形。

二、平分這六個邊的每一邊（練習十）。

三、以六條線連接這六個平分點，形成另一個更小的六邊形。平分這個更小的六邊形的邊。

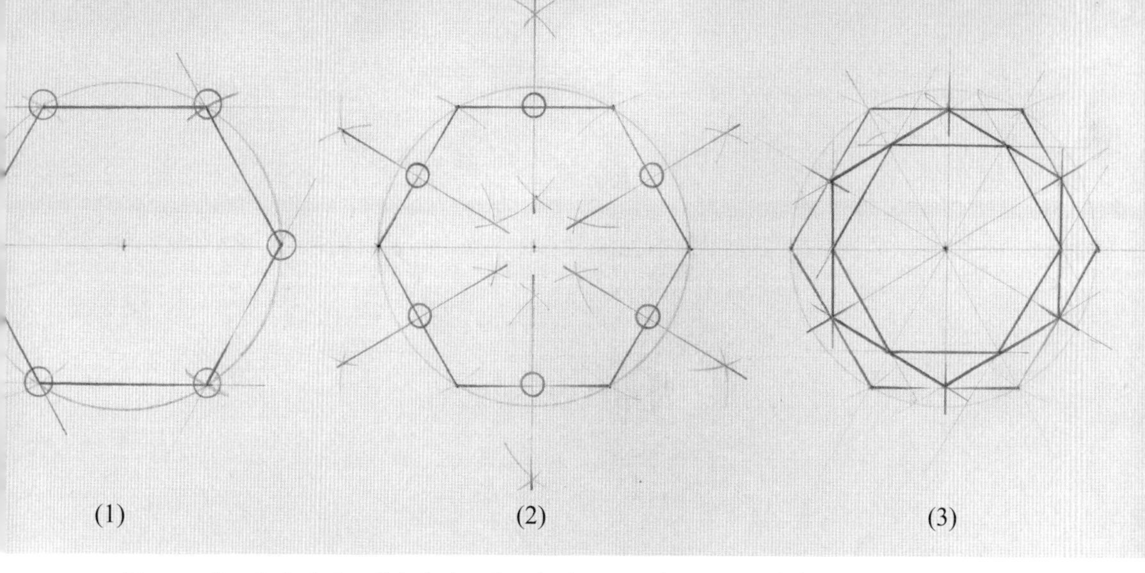

圖1.43　作一個六邊形，平分其邊，作一個更小的六邊形，如此持續下去。這些六邊形會越來越小

四、連接平分點，我們會有第三個更小的六邊形。

五、找出以逆時針方向環繞且（大小）遞減的等腰三角形，如圖 1.44 所示。

六、繼續此一程序多次之後，這些三角形會趨近原來的圓心。這個三角形系列形成一個容易造出的等角螺線，有許多可以在同一圖形中看得到。

各種精進的作圓方法可以得出有趣的效果。學生通常會以他們的想像力，為我們帶來驚奇！

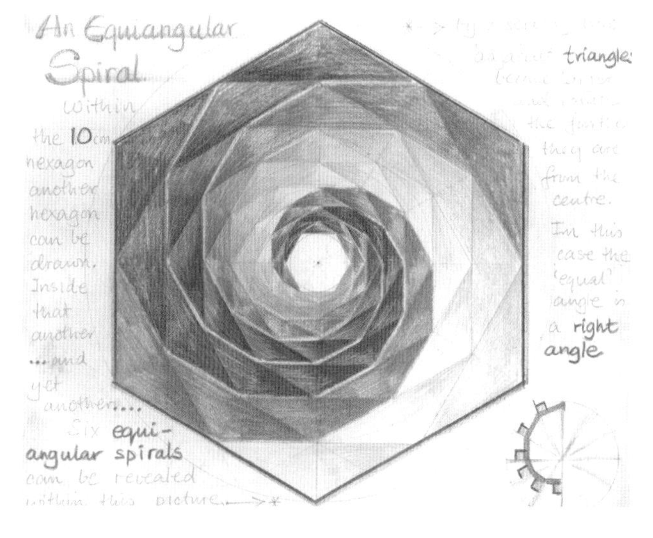

圖1.44　等角螺線族

針對這樣的螺線，更一般的（代數的）表示式有點複雜。發展這些表示式是解析幾何學的主題，那是我們在十一年級所要學習的。在七年級的主要課程，我們碰到的第一組座標是**極座標**（polar coordinates）——儘管現在還沒談到。

無論是推演自遞減的六邊形，或是以更一般的表示式呈現，我們所作的螺線都試著收斂到圖形的中心點。

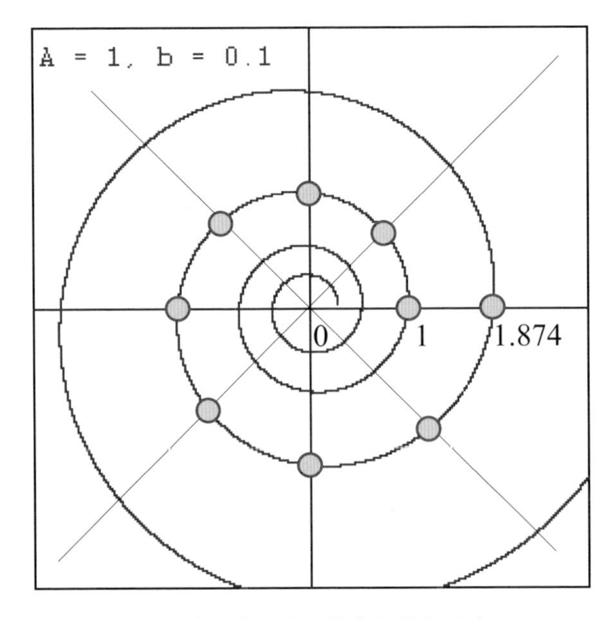

圖1.45　運用真正的 Basic 程式所畫出來的等角或對數螺線

當六邊形遞減時，將會越來越難畫。重點是，我們可以在心理上**想像**它們（有一點像是）永遠延續下去，趨近頁面上**無窮遠的一點**，但似乎永遠無法到達。因此，我們得到可以稱之為局部無限（local infinitude）的概念。

對於一般的表示式　$r = Ae^{b\theta}$　而言，其圖形也會相同。如果我們利用電腦程式來標示這條曲線，並且讓它取連續**遞減的** θ 值，它將永遠不會停止！（要是我不設下限制，我的程式最終將產生「逸出」〔overflow〕現象。）

同樣地，對於**遞增的**六邊形及 θ 而言，螺線將會向外一直擴張。這一點涵義深遠，而且要提示學生，我們所畫的幾何圖形不只是一些片段，實際上蘊涵了下列事實：這樣的繪圖（至少在我們的心中）張拓了整個無限。這實際上應用到**所有的**幾何繪圖，而且在某種方法上，表示我們永遠無法繪製完整的幾何圖形！年長一些的學生學著**運用**此一理念。畢竟，我們可以只試著**想像**，比方說，一條無限的直線。現在，**那**是整體性的東西！

我們在生活周遭看到這樣的螺線嗎？是的！學生需要去觀察，尋找且分享他們的發現。在此所顯示的少數例子，包括了著名的鸚鵡螺，這種貝殼在各類設計作品中常被作為圖像（icon）使用。

圖1.46　鸚鵡螺的截面

沿著任意錐形貝殼的軸線觀看，我們會看到螺線形式。有趣的是，大部分的錐形貝殼都有一種特殊的「手性」(chirality)(左旋或右旋)。

練習十二：貝殼的（左旋或右旋）手性檢視

一、尋找「右旋性」的螺線（亦即螺線由中心開始，順時鐘方向旋繞）。許多海貝都是右旋的嗎？檢視你所能找到的海貝。答案可能令你感到驚奇！

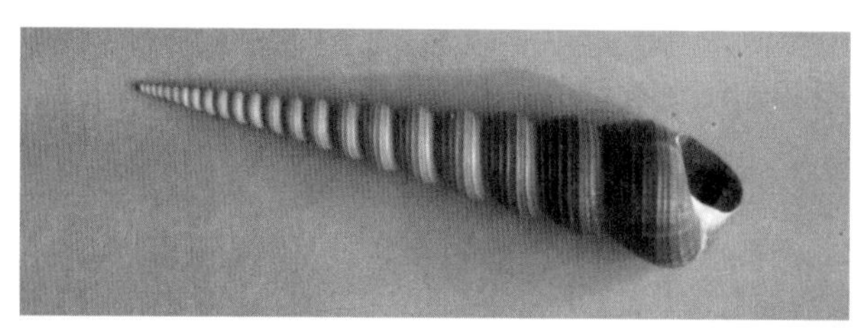

圖1.47　右手旋貝殼。從尖端開始看，並且詢問：我要沿著貝殼的哪一方向旋繞，而使得螺線會遠離我？

二、尋找「左旋性」的螺線（亦即螺線由中心開始，逆時鐘方向旋繞）。

你可以找到任何左旋性的螺線嗎？讓學生努力試試！這種螺線在大自然非常少見。來自墨西哥灣的尤卡坦半島（Yucatan）的左旋香螺，是非常罕見的左旋貝殼。

圖1.48　左旋香螺

有少數例外。要求學生閱讀任何有關貝殼的書籍，看看他們是否找得到**任何**逆時鐘（或左旋）螺線。他們能找到的非常少。為何如此，仍然是個謎團。

其他的例子還有：來自俄羅斯的美麗黃鐵礦化石，一種白石（opalised）螺線貝殼，以及經常可以在澳洲雪梨海邊看到的渦輪貝殼（operculum）。

圖1.49　白石螺線貝殼（Ann Jacobsen 收藏）

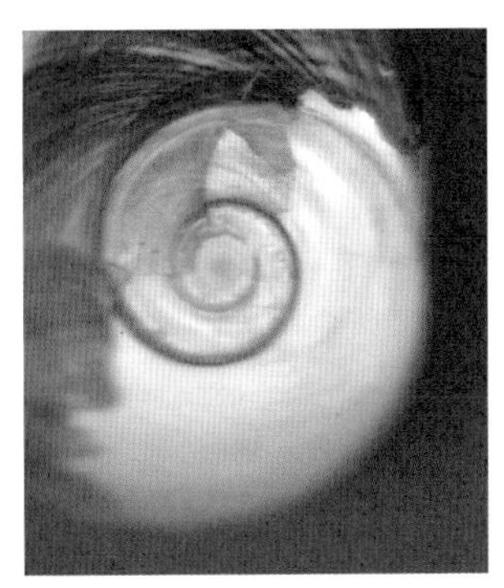

圖1.50　渦輪貝殼的暗門或鰓蓋（來自雪梨海邊）

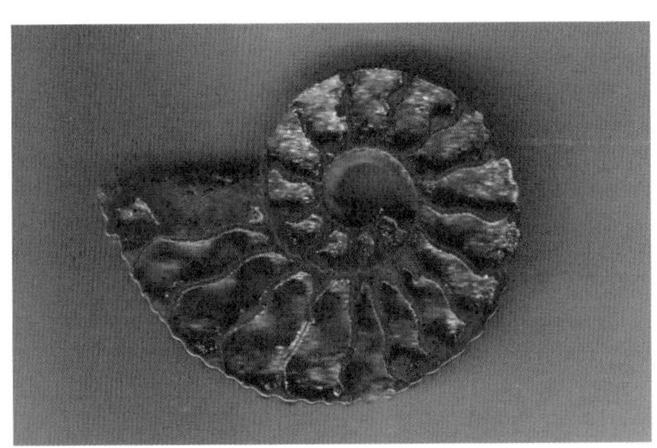

圖1.51　黃鐵礦化石（David Bowden 收藏）

接下來我們將發現，**交互作用的**螺線不只出現在海貝上，不論順時鐘及逆時鐘旋繞。

不過，我們先要觀察明確的數列，慢慢地在植物的世界中建立螺線的圖像。

當六邊形越變越小時，它們是按**同樣的比例**遞減。也就是說，我們對每一個連續的直徑乘以**相同的**數（小於1）。這個數稱之為**公比**（**common ratio**），而且定義了一個特殊種類的系列。然而，還有其他在大自然中具有特殊重要性的數列。

斐波那契數及其數列

其中之一，是著名的斐波那契數列（Fibonacci sequence），出自斐波那契的著作《計算書》（*Liber abaci*，約1202年）中有關兔子繁殖的數學問題。其形式如下：

1, 1, 2, 3, 5, 8, 13, 21, 34, 55, 89……

在 89 之後的下一項是什麼？尋找下五項，並且針對任意項 F_n 寫出其表示式，其中 n 是 n–1 及 n–2 之後的下一項。

練習十三：斐波那契數——芹菜棒及其他

哪裡可以觀察到這些斐波那契數？實際上，很多地方都有。平淡無奇的芹菜棒，要是在較低處橫切出一個截面，莖幹間將出現兩個不同方向的螺線，而這就是相鄰兩個斐波那契數1及2的例子。

有趣的是，這些螺線並非真的在那裡，而是介於莖幹間。說來話長……

許多植物具有兩組螺線——一個是順時鐘，一個是逆時鐘，有時難以察覺。這些螺線數經常是相連的斐波那契數。

我們可以輕易地「印製」一個芹菜的截面。試試看。

一、取一根新鮮的芹菜。

二、用一把銳利的刀，由芹菜根部附近橫切。

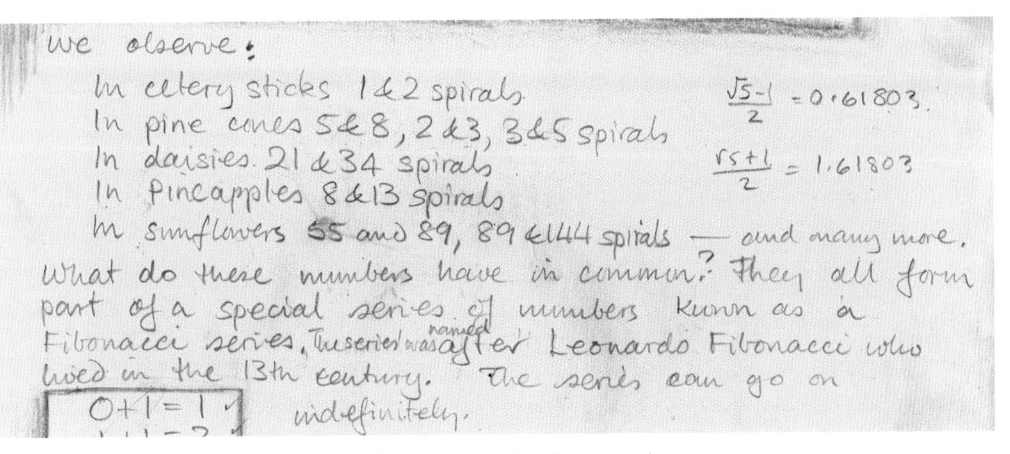

we olserve:

In celery sticks 1&2 spirals　　$\frac{\sqrt{5}-1}{2}$ = 0·61803

In pine cones 5&8, 2&3, 3&5 spirals

In daisies 21 & 34 spirals　　$\frac{\sqrt{5}+1}{2}$ = 1·61803

In pineapples 8&13 spirals

In sunflowers 55 and 89, 89 &144 spirals — and many more.

What do these numbers have in common? They all form part of a special series of numbers kunn as a Fibonacci series. The series was named after Leonardo Fibonacci who lived in the 13th century. The series can go on indefinitely.

0+1=1

圖1.52　尋找斐波那契數列（圖說文字中譯，參見P.217）

三、穩穩地握住莖幹，並在其截面上，塗上明顯的顏色。注意要將多餘的顏料擦掉。

四、在乾淨的紙上「印製」這個截面。它看起來類似於圖1.53。

圖1.53　芹菜的截面印製圖

此處顏色所顯示的，並非植物的實體，而是它的結構（或形式）。你可以多試幾次，尋找它的雙螺線。事實上，並不容易看到。

圖1.54　草樹

還有，取草樹（grass　trees）剛被火焚燒後的截面，也顯示了交互作用的螺線的清晰圖像。

看看學生（及老師）能否找到裡面有多少條螺線，並且觀察它們旋繞的方式。當然，並不容易做到。

圖1.55　火焚燒後的草樹截面

斐波那契螺線

上述兩例只是顯示了一種隱藏的秩序。為了反映大自然運作的樣子，我們可以找出作這種螺線的幾何方法。在史帝文森（Peter Stevens）的《大自然中的模式》（*Patterns in Nature*）書中，作者相當完整地描述了一個非常簡要的方法。圖1.56的作法如以下練習所示。

練習十四：作一雙斐波那契螺線

如圖1.56，假設我們打算按順時鐘方向，造出有五個等空間的螺線（黃色部分），以及按逆時鐘方向，造出有三個等空間的螺線（紅色部分）。

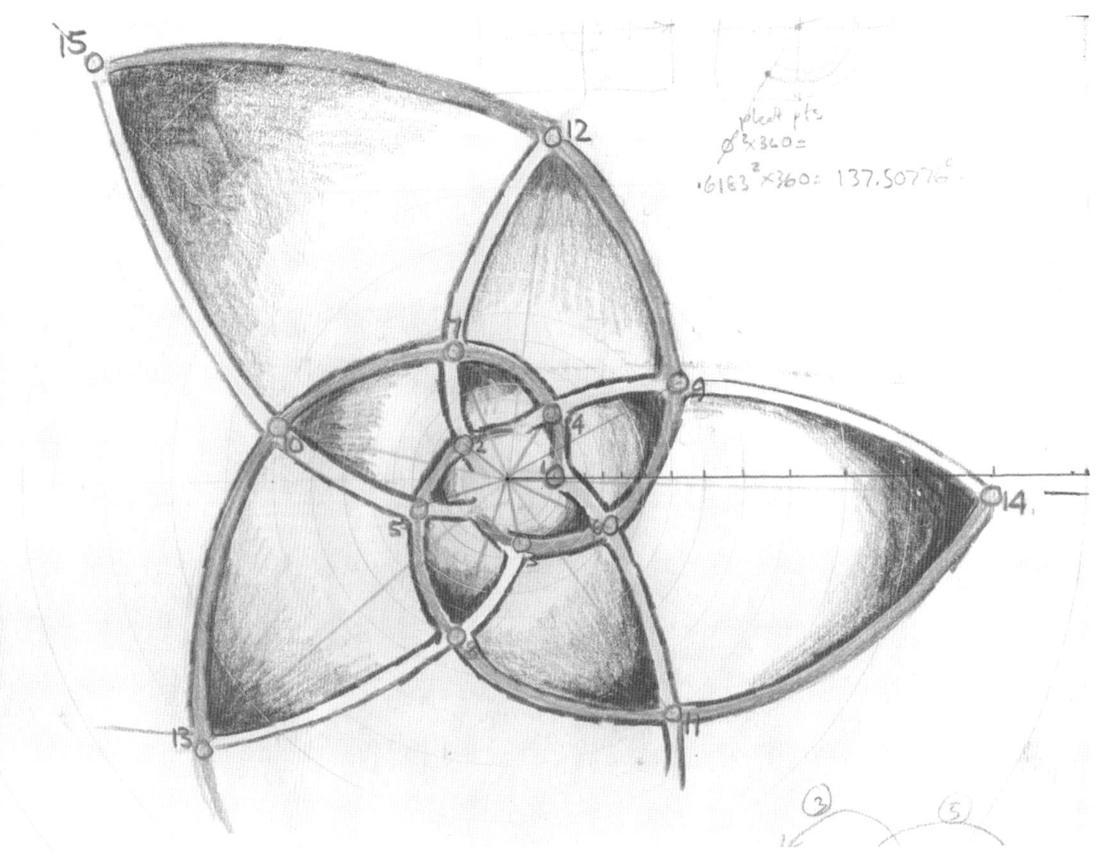

圖1.56　從中心點引伸，有五個順時鐘的螺線，逆時鐘則有三個

一、在紙張中間畫一條水平線。在這條線的中心，輕輕標記一個中點 O。以 O 為中心，畫一個半徑為 10mm 的圓。

二、繞著 O 點，我們現在畫一系列的同心圓。這些繞著 O 點的同心圓，被我們稱之為「乘數」(multiplier) 或公比 (common ratio) 所決定。「公」是因為它一再地被使用。在本例中，我們以 1.2 為我們的乘數。從半徑 10mm 開始來計算下一項，我們只是將它乘以 1.2(亦即，$10.00\times1.2=12$)，然後再乘以 1.2，再 1.2，等等。因此，前幾個半徑如下：

10
12
14.4
17.28
20.736
24.8832
29.85984
35.831808
42.99816960
51.59780352
61.91736422
74.30083706
89.16100448
106.99322053
128.3918464

三、由於很難用鉛筆及直尺畫出精確度勝過半毫米的 (比例) 圖，因此當我們往下計算的時候，可以採四捨五入。我們需要進行到半徑約 100 mm，並且四捨五入到如下的一個小數位。

10.0
12.0
14.4
17.3
20.7

24.9
29.9
35.8
43.0
51.6
61.9
74.3
89.2
107.0
128.4

四、以點 O 為圓心，上述所有這些為半徑，在整個頁面上畫滿同心圓。對這個年齡層學生而，這是圓規準確操作的好練習。

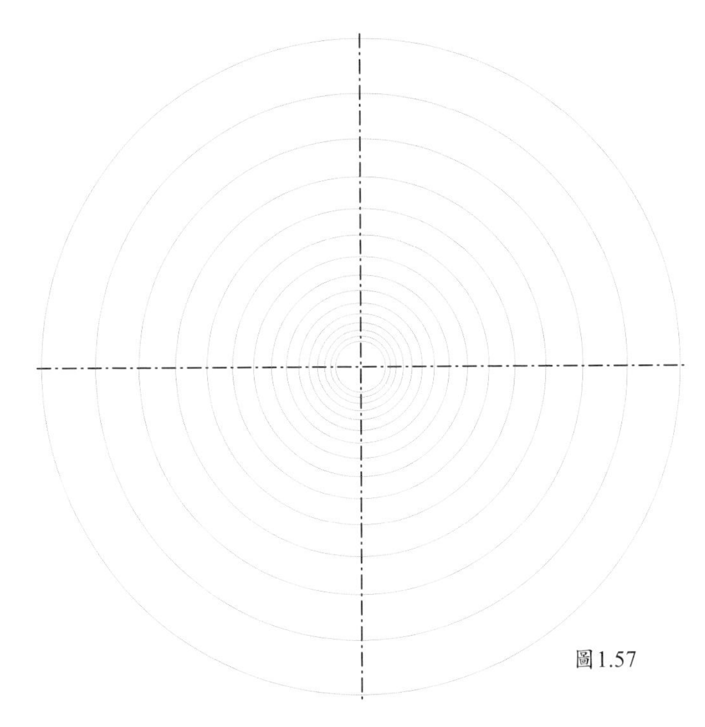

圖1.57

五、下一步驟稍後才會得到恰當的核證。目前這麼說即已足夠：就像我們有黃金分割或黃金比，因此黃金角（golden angle）是可能的。黃金分割的概念將會在稍後加以探索。現在則利用黃金角本身。這個角非常接近137.5°（對那些感興趣的讀者來說，正確值可仿下頁方格內所示來計算。）

黃金角

假定黃金分割（比）：

$$(\sqrt{5}+1)/2 = 1.618033989...$$

這是大部分學校用的計算器盡其所能可做到的程度。現在，將360°的整個圓除以這個數，亦即，

$$360°/1.618033989 = 222.4922359°$$

以360°減去這個，將得到137.5077640°，而這個算到半度，則是137.5。這就是我們所求的角，其繞著圓心的角度之比如下：

$$360° : 222.4922359° : 137.5077640°$$

$$1.618033989 : 1 : 0.618033989$$

$$(\sqrt{5}+1)/2 : 1 : (\sqrt{5}-1)/2$$

或者，換句話說，全部對較大部分的比，與較大部分對較小部分的比相同。

我們現在可以使用正規的量角器，沿著水平線，依序從圓心標記逆時鐘方向的直線。更容易的作法，是造一個單角為137.5° 的紙張「量角器」，並且以它繞著圓心，以這個黃金角逆時鐘旋轉，畫出射線到圖的圓周。

圖1.58　黃金角「量角器」

六、從最小的圓（半徑為10mm）開始，在圓心右邊的水平線上半徑與圓相交處標記一點。這一點標記為點1，半徑橫切圓。然後，點2將是半徑12mm的圓與從點1逆時鐘旋轉137.5°處延伸的直線之交點。點3將是半徑14.4mm的圓與從點2逆時鐘旋轉137.5°處延伸的直線之交點。依此類推，按逆時鐘方向旋轉再旋轉，直到用完所有的點（共計15個），或者已覆滿頁面！

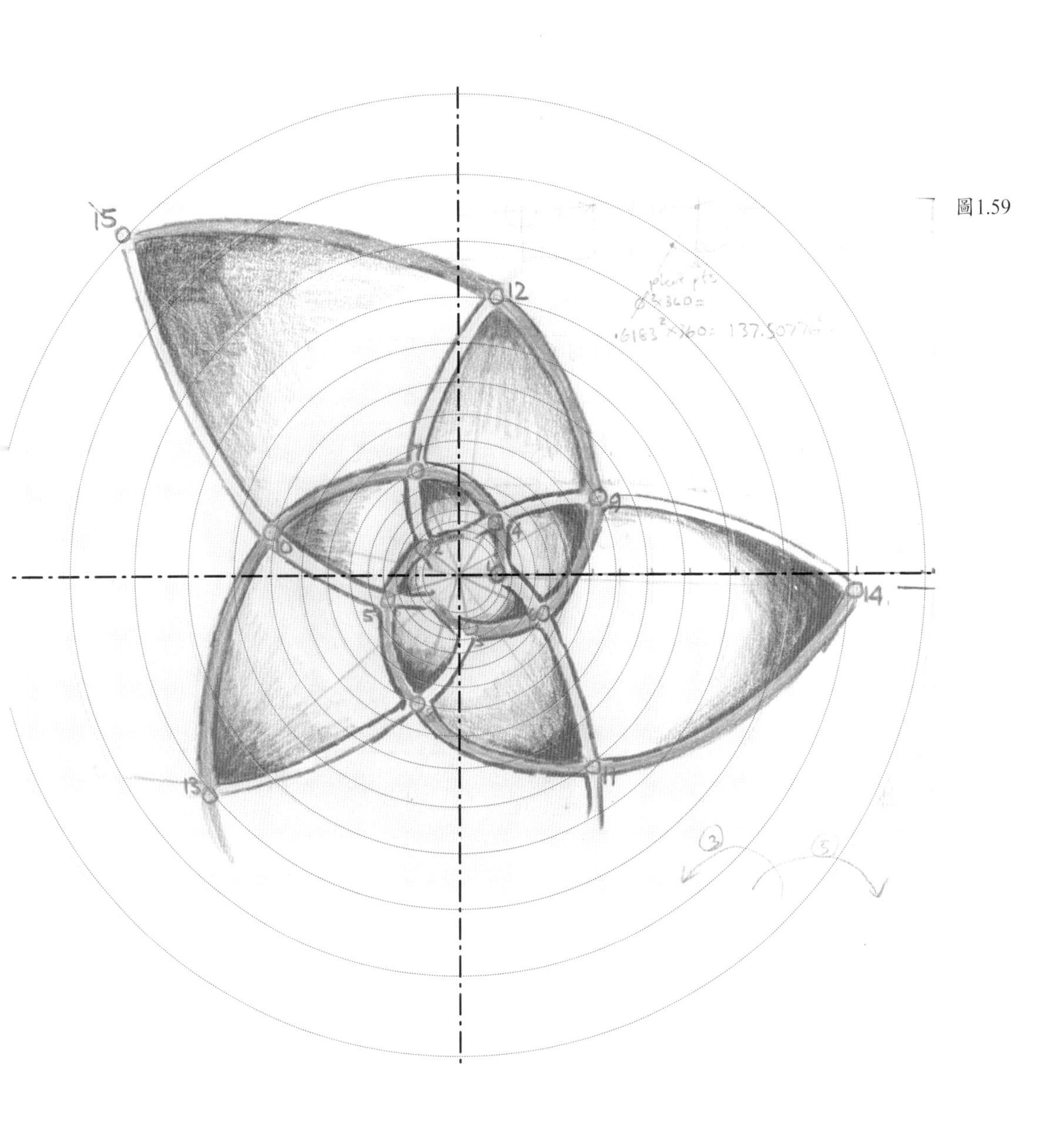

圖1.59

七、為了作出螺線本身，連接一系列標計數字的點。其中一系列是用在三個逆時鐘螺線上，另一個不同的系列則是用在五個順時鐘的螺線上。對這五個順時鐘的螺線，我們連接點（5, 10, 15）、（2, 7, 12）、（4, 9, 14）、（1, 6 , 11）、（3, 8, 13）。這些都是每隔**五**個點的序列。

針對這三個逆時鐘的螺線，連接每隔**三**個點的三個序列。輕輕標記這些系列螺線。

八、確實畫好這些曲線。引導七年級學生做此功課之前，你先做一次吧。

圖1.60

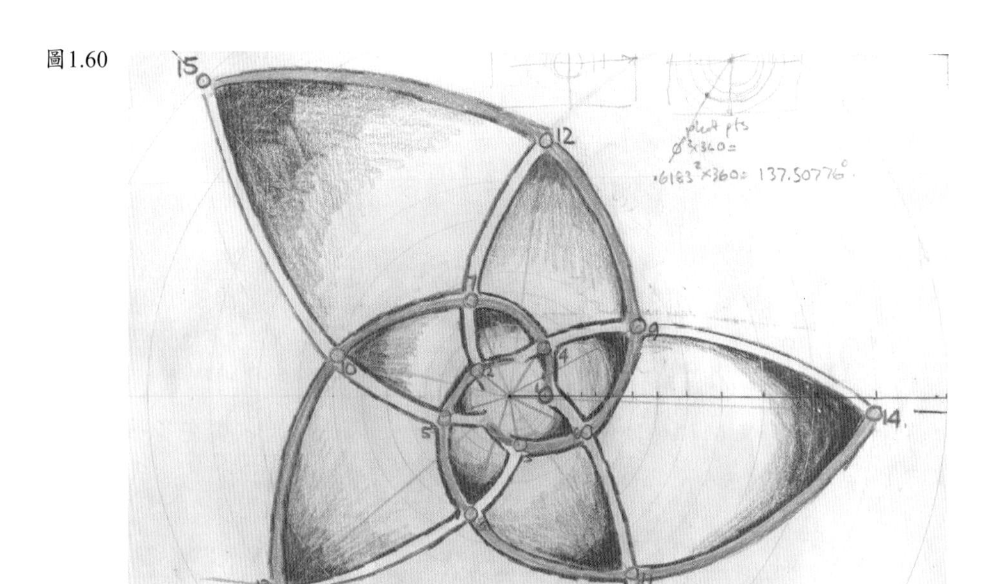

注意，如同印製芹菜根的截面，我們可以在螺線之間上色。有人說，在某些植物形式中，正是這些被**填入**的東西，我們才看得到實體。正是心智之眼分辨了螺線結構，因為我們在形容的是某些非物質顯現的東西。然而，對我來說，在本例中，學生看到且畫出這些形式的美，已經足夠了。

我們已經看到斐波那契數列如何以植物形式中的螺線被人們所瞥見。我們甚至畫出這樣的螺線。另一種面貌出現在人體，其中某些比例式逼近與這個特別的序列密切相關的特殊數。

圖1.61　黃金比兩角規（麥克休設計的模型）

我根據好友麥克休（Roger McHugh）多年前設計的一種特殊兩角規（dividers），造了一種比例測量儀。他的優雅模型如圖 1.61 所顯示。練習十五描述了一個更簡單的裝置的造法。

有關黃金分割或黃金比例或黃金比或黃金切割的文獻，實在多不勝數。甚至在美國還有一本專研此學術領域的雜誌《斐波那契季刊》（*Fibonacci Quarterly*）！學生此刻需要知道的，是大自然中（包括人體）這種無所不在的形式。而它究竟是什麼？它是一個比，一個非常特殊的比。它也被稱之為 φ（phi）。

φ，斐波那契以及「黃金切割」

什麼是 φ？這個符號被賦予相當特殊的數。它到四位小數的值是 1.6180，算是一個粗略的近似值。它出現在許多地方，比我們可以夢想的更多的地方。不過，也有人說，它是不確定的。若一組神奇的關係式可應用到非常多的事物上，不應假定它可以被應用到所有事物上。

φ的正確值，按它的定義來計算

這個定義是關鍵。這個數是按下列方式來定義：當一條線在特別處被切割，而使得：

全部對較大部分之比，與較大部分對較小部分之比相同。

以圖示來看，顯示如下：

全部
較小部分　較大部分

而這些比的圖示，則會如下列所示：

$$\frac{較大部分}{較小部分} = \frac{全部}{較大部分}$$

從代數操作來看，這些正確值的比，可以從這個特殊分割找到。如果我們令較小部分的長是1個單位，且較大部分的長為 x 單位，那麼，全部的長將是 $1 + x$ 單位。或者，我們將此一事實表成如下圖示：

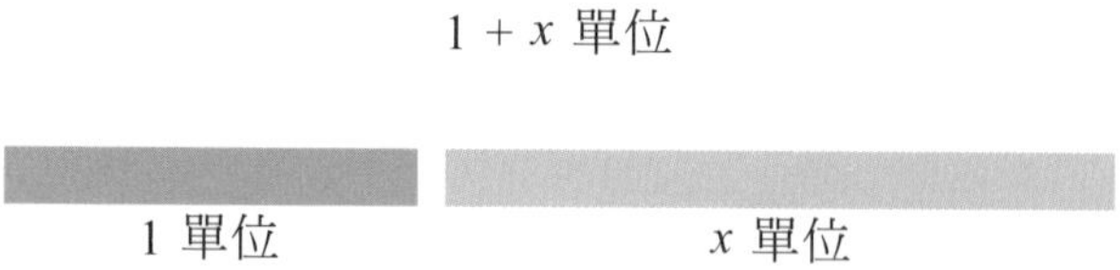

$1 + x$ 單位

1 單位　x 單位

按慣用的數學符號法則，將如下頁所示，而我們的目的將是求解 x：

$$\frac{x}{1} = \frac{1+x}{x}$$

黃金比

黃金比或分割是$(\sqrt{5}+1)/2 = 1.618033989...$，這是學校用的計算器算出的近似值。為了正確計算，我們將按如下所示進行：給定我們所要的條件，全部對較大部分的比，相同於較大部分對較小部分的比，如此可以表示成如下式子：

$$\frac{x}{1} = \frac{1+x}{x}$$

首先，我們交叉相乘，得

$$x^2 = 1 + x$$

移項到等號左邊，得

$$x^2 - x - 1 = 0$$

現在，這是二次方程式，它可以將 x 視為未知數，運用公式（學生之後才會學習怎麼證明）來求解：

$$x = \frac{-b \pm \sqrt{b^2 - 4ac}}{2a}$$

其中 $ax^2 + bx + c = 0$ 。而在本例中，$a = 1$，$b = -1$ 且 $c = -1$ 。因此，代換 a, b, c 之值，我們有：

$$x = \frac{-(-1) \pm \sqrt{(-1)^2 - 4 \times 1 \times (-1)}}{2 \times 1}$$

簡化之，可得 $x = \frac{1 \pm \sqrt{1+4}}{2}$ 或 $x = \frac{1 \pm \sqrt{5}}{2}$

所以，x 的正確解如下：$x = \frac{1+\sqrt{5}}{2}$ 或 $x = \frac{1-\sqrt{5}}{2}$

是的，有兩個解。但我們只取正值，將它改寫成

$$x = \frac{\sqrt{5}+1}{2}$$

根據上頁說明得出 φ 的尋常正確值。因此寫成下列形式：

$$\varphi = \frac{\sqrt{5}+1}{2}$$

而表現成一個無窮不循環的十進位小數，即如下列：

$$\varphi = 1.61803398874989484820458683436564$$

通常被記成

$$\varphi = 1.618$$

其負值 $(1-\sqrt{5})/2$ 給出倒數值-0.618。由於這個數是一個比，因此，表示成正或負，其實無關緊要。

1.618 或 0.618？

這個數常被記為 φ 或 *phi* 。有時候，它的倒數也被稱之為 *phi*。這多少有點令人困惑。但大部分的作者似乎都使用 1.618 而非 0.618。請參考書末的參考文獻。

練習十五：造一組黃金分割的兩腳規

這樣的兩腳規可以利用卡片和別針來製造。其基本結構很清楚。適當的模型尺寸如圖 1.62 所示。

一、畫出如所示的四張卡片之輪廓（或者自行設計，或者讓學生來設計）。

二、沿著紅色虛線（圖 1.63）截開（沿著虛線彎曲，會讓兩腳規變得更堅硬）。

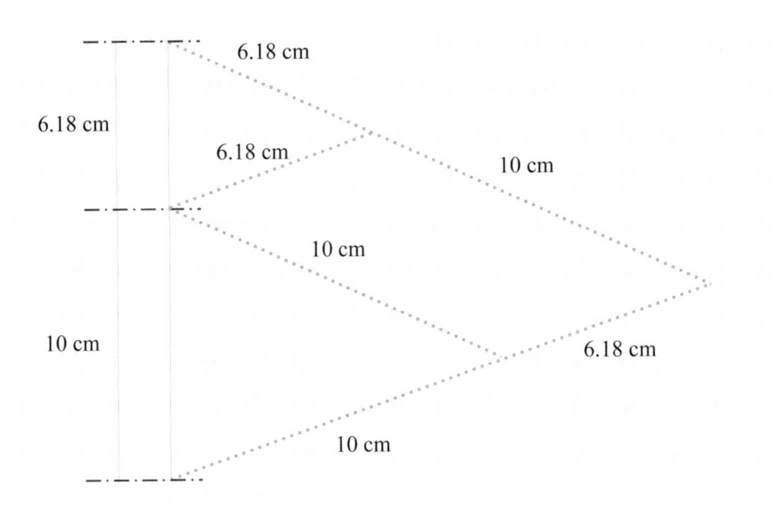

圖1.62　一組黃金分割兩腳規的標準尺寸

三、在標記的點上穿洞。

四、切開粗黑線上的四個輪廓。

五、以張開的別針為支點，將兩腳規組合起來。

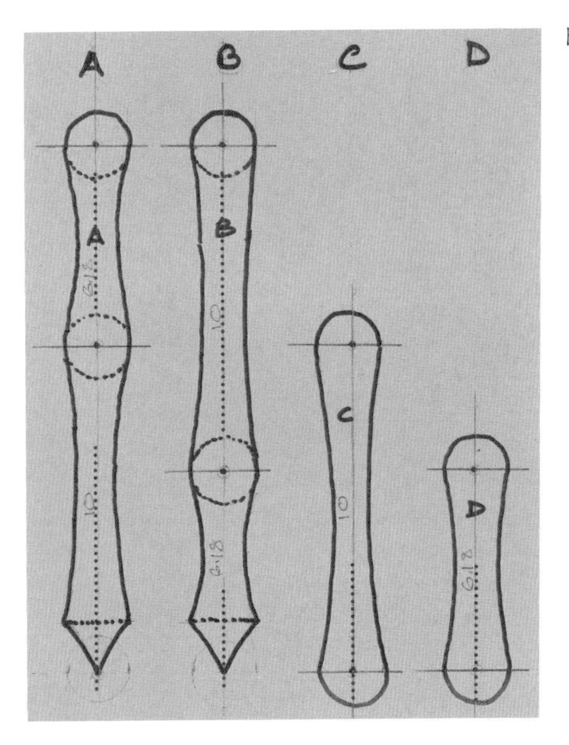

圖1.63

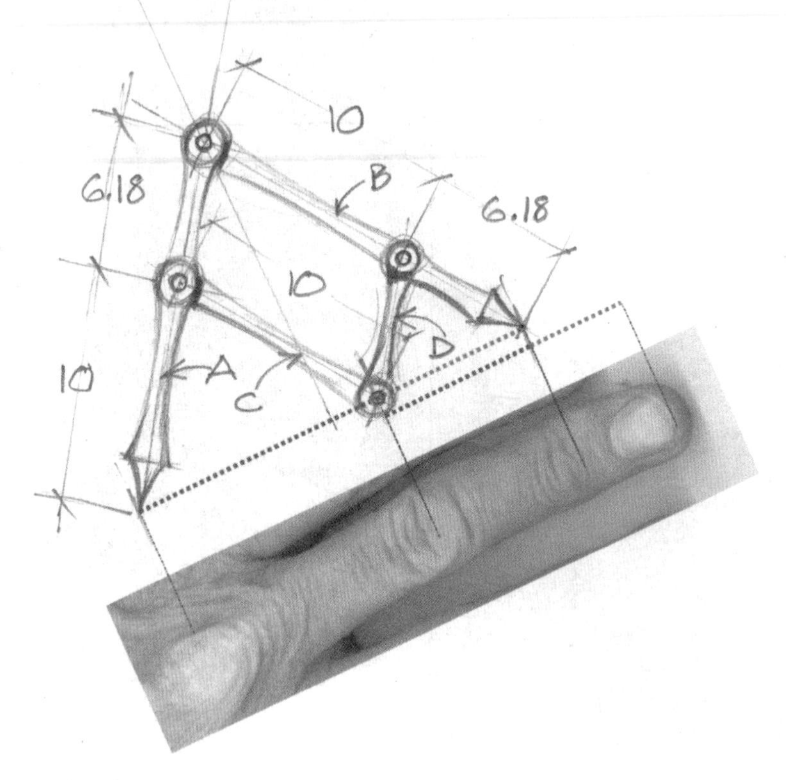

圖1.64　使用中的兩腳規

六、以直尺測量檢驗你的兩腳規有多精確。（腳規比較寬的那一段距離 10cm，則比較窄的距離約 6.2cm）。

比如說，我們可以檢測我們手指節的比例。看看這些有多接近黃金分割。如果我們可以看到真正的骨節，或許將更加精確吧。

在人的頭部哪裡可以看到這樣的比例呢？或許「人」是萬物的度量？或者，這單純只是一種巧合。但我不這麼以為。

練習十六：人體形式中的黃金比

學生必須自行測量 *A* 和 *B* 這些高度，以便看看他們自己是否接近黃金比。

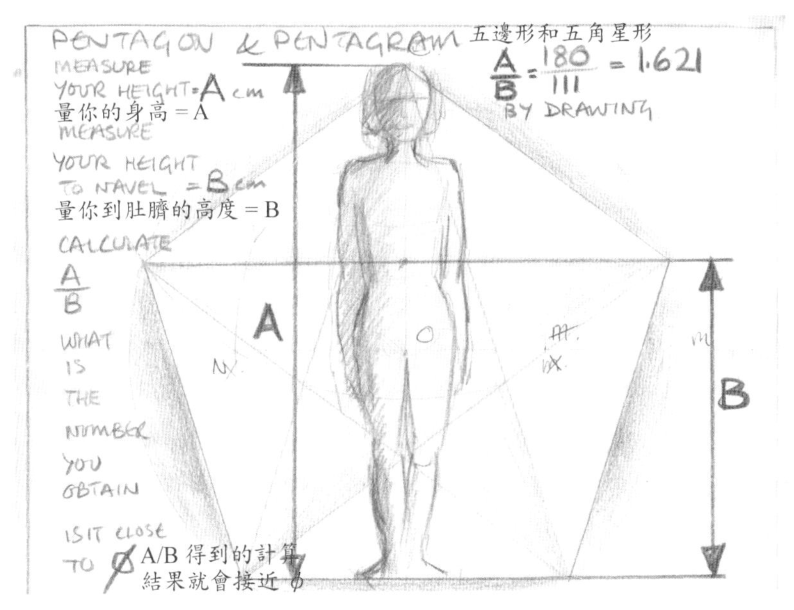

圖1.65　人體比例

這個年紀的年輕人，由於尚未完全成熟，比例多少不一樣。看看這個年齡群是否能找出比 φ 更大或更小的黃金比，以及原因何在。

一、測量整個身高。令其為 A。

二、測量由地面到肚臍眼的距離。令其為 B。

三、將 A 除以 B。

四、將這些值製成一張表。

A	B	A/B

圖1.66　這些值的表

五、計算這些比的平均。這個平均值接近什麼數？

法國建築師勒·柯比意（Le Corbusier）企圖設計一種以這個比例為基礎，且稱之為「模數」（Modulor）的尺度，作為建築設計的輔助。相關素描如圖1.67所示。

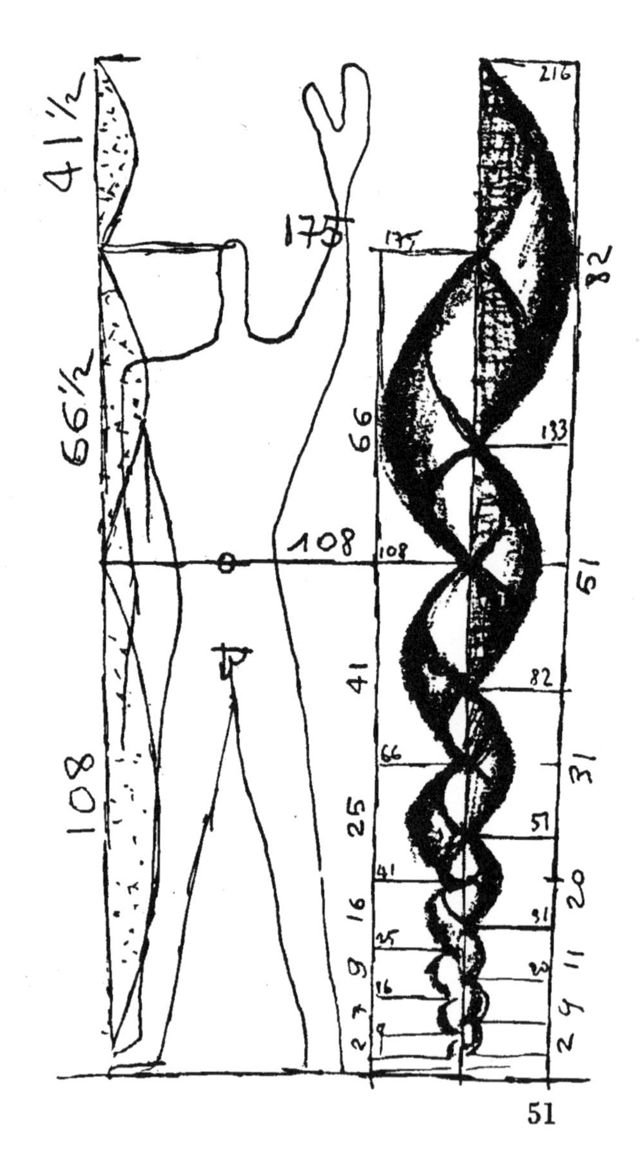

圖1.67　模數，一種黃金比尺度（取自Le Corbusier, 1954, 51）

在這個圖畫中，主要的尺寸是 108 和 66.5。如果這些相加，然後除以 108，我們會得到 1.616，一個接近 φ 的數。

練習十七：植物中的斐波那契

某些植物在分枝時會顯現出斐波那契數列。根據杭特立的觀察，珠蓍（sneezewort; achillea ptarmica），亞羅（yarrow）的一種，當它往花部延伸時，展現了這種數列。（Huntley 1970, p.163）

注意到在這張素描中，葉子的節點看起來排成一條線。茴香也有類似的情況嗎？你必須觀察！把它當作一個練習。

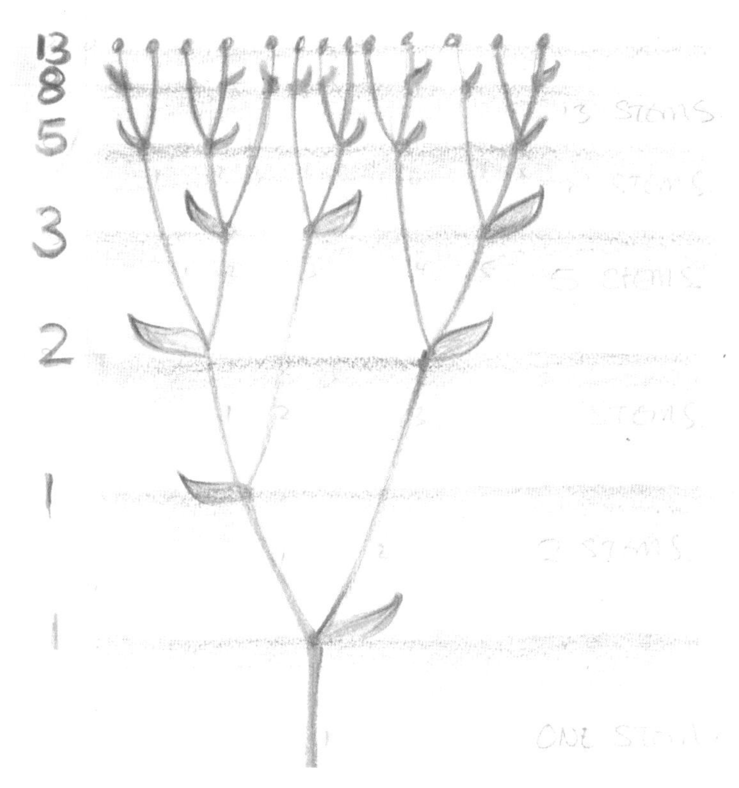

圖1.68　珠蓍的節點

練習十八：Phi——黃金分割

正如前述，如果我們細心觀察，這種特殊數（亦即 φ）會被下面所描述的（新）數列趨近：這個（新）數列是由斐波那契數列的相鄰兩數之後項與前項比所構成，例如 5/3=1.6666…，8/5=1.6，以及 13/8=1.625 等等。

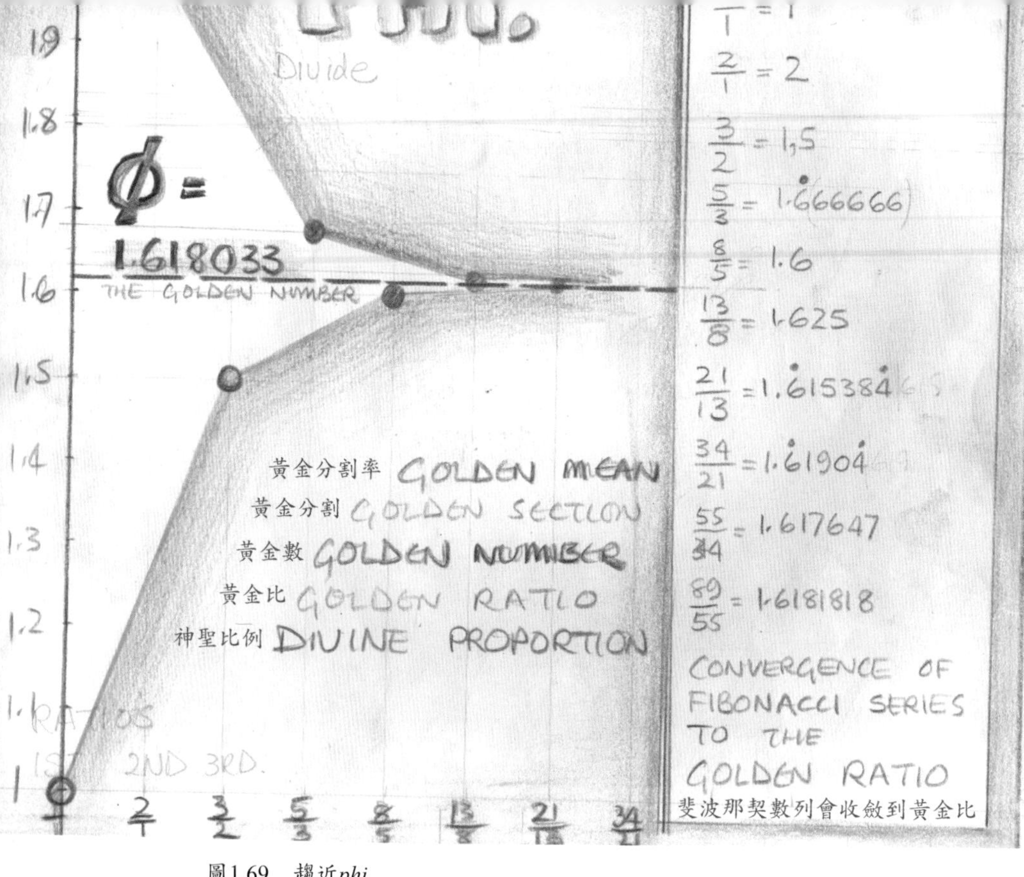

圖1.69　趨近*phi*

前述這些商數（亦即比值）都不盡相同，但緩慢地趨近φ。參看圖1.69。

練習十九：自然形式的拼貼

讓學生作一個展示這些簡單形式的拼貼，也許是總結這個主題的好方法，將圖形、照片或工藝品等收集在一起，無論是銀河系、鰓蓋（operculums）、鳳梨、雞蛋、龍捲風、貝殼、花芽，或是他們自行發現的眾多形式。在圖 1.70 和 1.71 有一些提示。

我希望學生（以及大人）將慢慢開始欣賞存在於大自然中的某些模式。只要有模式存在，就會有幾何與數學存在。即使在年輕的時候，眼睛還是可以發現形式之美。

▲圖1.70　螺線圖形　　　　▼圖1.71　蛋、甕、芽，以及樹的形式

第二章　畢達哥拉斯與數目

這是我們經常與七年級的學生（12-13歲）一起做的功課。它帶入性質、種類，以及（尤其是）**數目**的概念。數目與幾何之間永遠相關。在本章，數目是重要主題；前一章則強調幾何。

為何是畢達哥拉斯？

在此我們要感謝古希臘，因為畢達哥拉斯（Pythagoras）是當時眾多採取探索知識的態度的希臘學者之一，而我們大部分人現在仍然深受這樣的態度挑戰，甚且遠落其後。

這些偉大的個人看見了全局，也看到某些構成全局的成分。這就是秩序的由來。而這就是**數目**。藉由音樂談論和諧與一致性時，畢達哥拉斯想要理解音樂如何滿足人的靈魂，以及它可以如何引導其生命的道路。據說在他的學派中，正是音樂引領其社群進入帶有特殊和諧的日子。學生有必要知道他的生命事蹟。

或許那正是這些偉人被送來人世間的目的。泰利斯（約625-547 BC）、歐幾里得（年代不確定，約300-260 BC）、阿基米德（287?-212 BC）及柏拉圖（約428-348 BC）是其中幾位。而且，他們的作品在一種新的進路隨著歐洲文藝復興湧現之前，已經存在了大約兩千年之久；這種進路當然也受惠於更早之前的阿拉伯學者。我們必須感謝許多來自阿拉伯世界的翻譯與推廣，它們為文藝復興的思想家提供了辯論的基礎材料。

帶領這個年紀的學生，我們處在探尋之路，這些年輕人似乎不斷追尋，想要在「腦中所想」（what is 'in the head'）及「**外在**何物」（what is *outside*）之間，找到一種對應。這是我們身而為人所經歷的過程的一種反映，而且從歷史角度來看，仍然持續進行著，還明顯出現了經驗論者及理性主義者的二分。其實，這種二分沒有比消除這種二分來得重要。假如我們不需要解決之道，就不會提出任何問題。

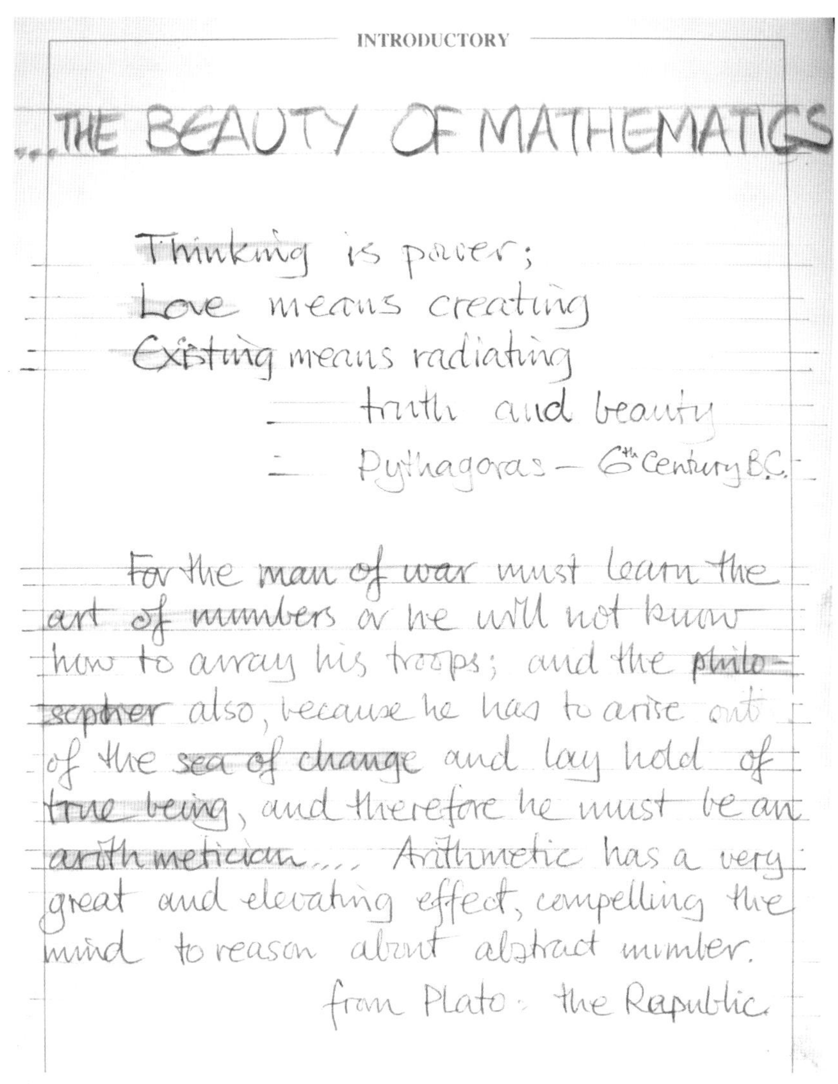

INTRODUCTORY

THE BEAUTY OF MATHEMATICS

Thinking is power;
Love means creating
Existing means radiating
truth and beauty
Pythagoras – 6th Century B.C.

For the man of war must learn the art of numbers or he will not know how to array his troops; and the philosopher also, because he has to arise out of the sea of change and lay hold of true being, and therefore he must be an arithmetician.... Arithmetic has a very great and elevating effect, compelling the mind to reason about abstract number.
from Plato: the Republic

圖2.1　導引的主題（圖說文字中譯，參見P.217）

這種雙面向在我們的提問中湧現。如果內在及外在的對應是顯然的，那麼我們將無須提問。但確實有問題，因此，它們的對應並不顯然。而到了某個年紀，對年輕人來說，問題就會出現。我們將在這個主要課程中，引出一條途徑來迎接這個正在浮現的問題。

數目

在這個七年級的主要課程中，所專注的兩個面向是數目及幾何。幾何內容已經涵蓋在前面的課程中，至於數目的概念，則大約要花三個星期。不必說，這兩個方向是重疊的，然而，此處將著重各種數目關係。尤其這是數目及數系的歷史。為何是數目？那是我們在這個世界中很快地開始看到的某些秩序、某些模式嗎？

並非所有文化都著迷於今日普遍使用的數目十，以及十進位制。我們當然可以解釋說，這是十個手指的緣故，不過古代的迦勒底（Chaldea）人卻是採六十進位。你必然好奇為何如此。

還有**一、二**及**許多（many）**（的數詞），我們可以說那是所謂的原始部落的作為。有個原住民部落以三為單位（圖 2.3）。經過三個步驟就進位了，而不是數到十。

然而，數目有其神祕性，它們不僅用於計算金錢、人數、數字謎題，甚至對數獨的狂熱，又或者是對高樓大廈的高度測量。音樂亦在其中，就如同計算和測量。

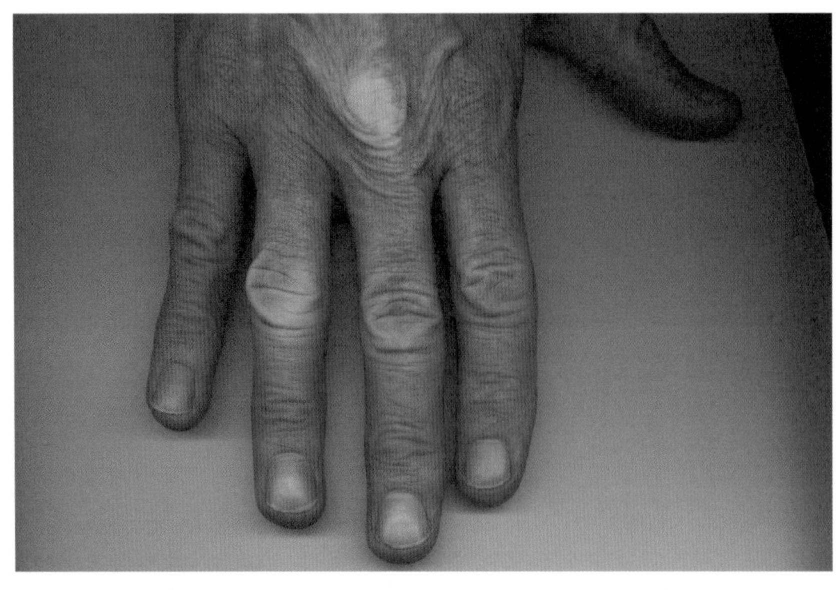

圖2.2　計數的簡便開端

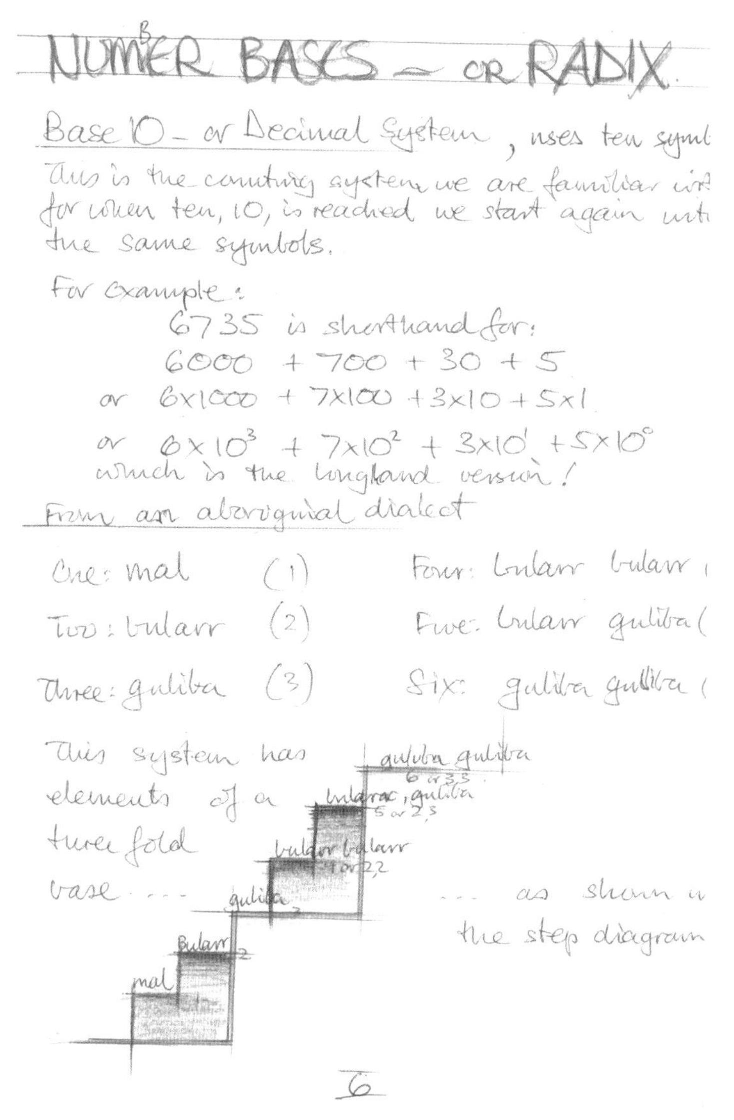

圖2.3　一個原住民的方言：逢三進位（圖說文字中譯，參見P.217）

質性的數目

抽象意義的數目是我們最常用的方式。如此可以化簡到僅剩下**計算**。比如，最近我與一位女士談到數學時，她對我說，那就是了解銀行裡存了多少錢！但是，數目可以用完全不同的方式來檢視。

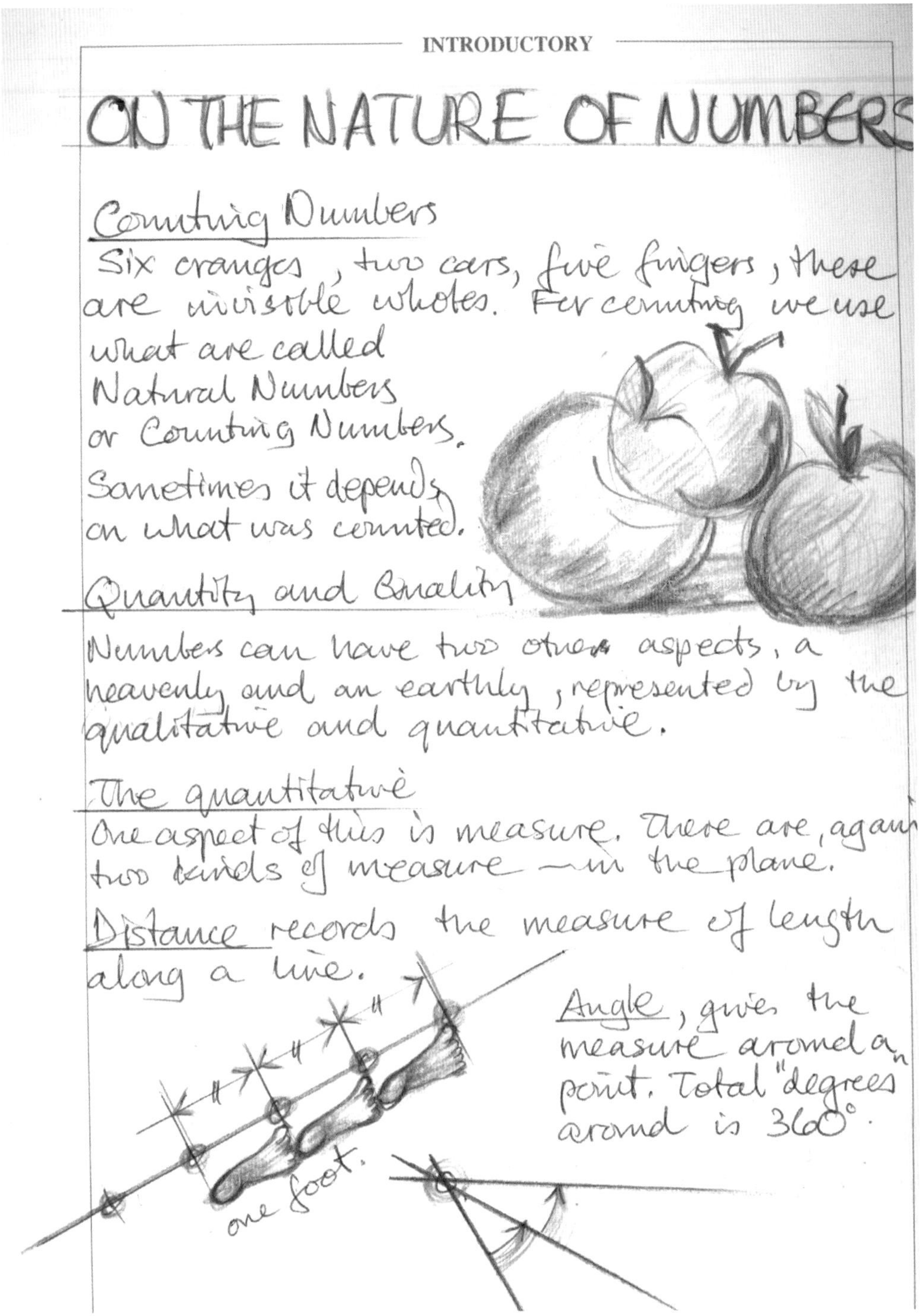

INTRODUCTORY

ON THE NATURE OF NUMBERS

Counting Numbers

Six oranges, two cars, five fingers, these are indivisible wholes. For counting we use what are called
Natural Numbers
or Counting Numbers.
Sometimes it depends on what was counted.

Quantity and Quality

Numbers can have two other aspects, a heavenly and an earthly, represented by the qualitative and quantitative.

The quantitative

One aspect of this is measure. There are, again two kinds of measure – in the plane.

Distance records the measure of length along a line.

one foot.

Angle, gives the measure around a point. Total "degrees" around is 360°.

圖2.4　質性與定量（圖說文字中譯，參見P.217）

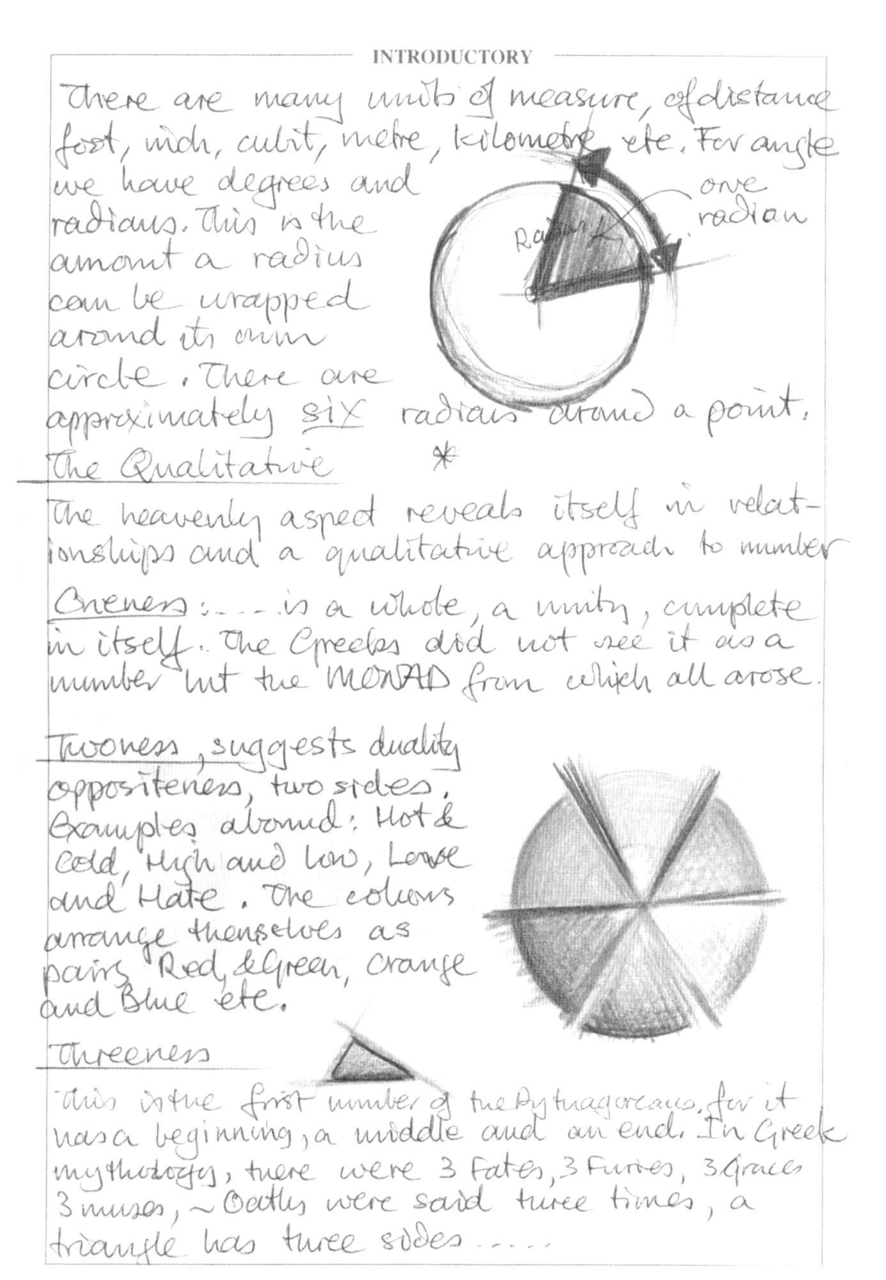

圖2.5　天上的或質的（圖說文字中譯，參見P.217）

相較於二重性或對偶性，或三倍數的（三重性），七進位或是五進位，甚至十進位，單一性（unity）是否有一些本質的區別？比起一（the One）及多（the Many），它們的區別可是非常大呢！

練習二十

探索數目特性至少（比方說）到 12。例如，什麼是「單一性」（one-ness）？是指全部嗎？如何進位？等等……太多可以討論了。

一、想想單一性。

二、二重性。對偶。二分法。尋找其對立面。例如，熱和冷，上和下，平面和點。這是指一件事與另一件是本質上的不同。列出至少三個這樣的對立或二元性。

三、三重性，我們可以找到任何東西嗎？一個基本的三重性可在幾何學中發現，那正是幾何學元素中的**點**、**線**、**面**。但我不認為這就足夠說明克里其羅（Keith Critchlow）的看法，亦即一個物件是由其他物件所構成（Critchlow 1976, pp.10-13），如同它們**相互依賴**（見圖 2.6）。而且，類型是完全不同的。紅、藍、黃可被認為是三重性嗎？大多數人將他們的視作三原色。找找更多的三重性。例如空間的維度。

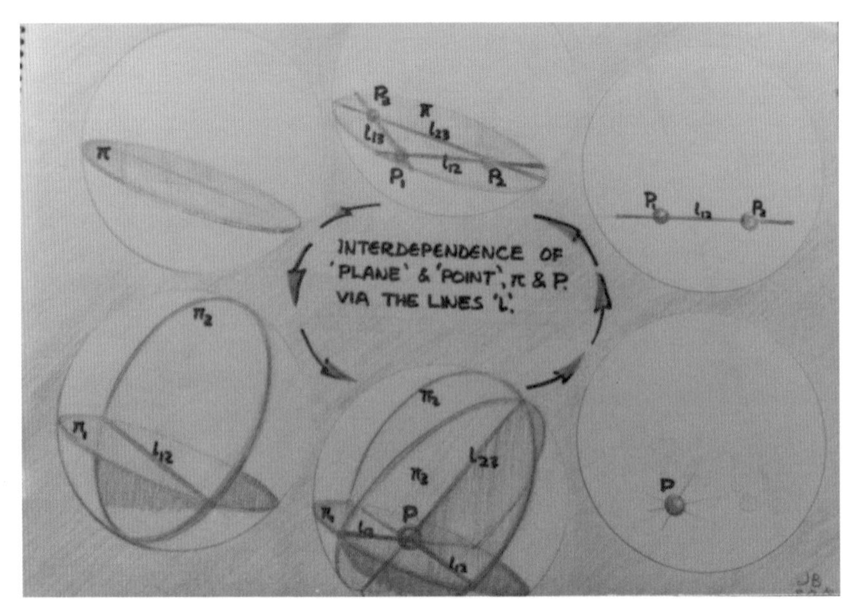

圖2.6　相互定義點、線、面。例如：三點決定一個平面。三平面決定一個點

四、我們可以在哪裡看到四重性？每次呼吸時心臟的跳動次數？大自然之界（kingdom）？

可以找到更多嗎？需要注意生物學上的四界，它們是根本不同的，存在著質性的差異，儘管我們只說「四個」。

五、在哪裡可以看到了五重性？查查看薔薇科。

六、在哪裡可以看到的六重性？查查看百合科。我們不禁要問為什麼昆蟲那麼多腳？二重性的三倍？

七、在哪裡可以看到的七重性？

八、在周遭有任何跟「八」有關的事物嗎？蜘蛛。

九、九呢？天使的三級九等，在細胞中由九組三聯管圍繞中心軸所組成的中心粒。

十、現在，我們覺得緊張了。

十一、這有點難了……

十二、一打？

十三、挑戰：尋找「十三重性」。

十四、有什麼是跟「一百」有關的。

十五、還有任何具特殊性質的數目嗎？

各種數目系統

世界各地的數目系統已建基於一系列的數目組之中。從一個一個數起，到一對（兩個一組），再到如上所述的三個一組，再如六個一綑，或十根（手指），及十二進制再到二十進位，甚至六十進位。存在有許多不同的記錄方式。

羅馬的方式不同於阿拉伯語或印度的方式。針對不同的數目已有許多不同的符號表示。古埃及人以十為基底，圖 2.7 展示了這些符號。

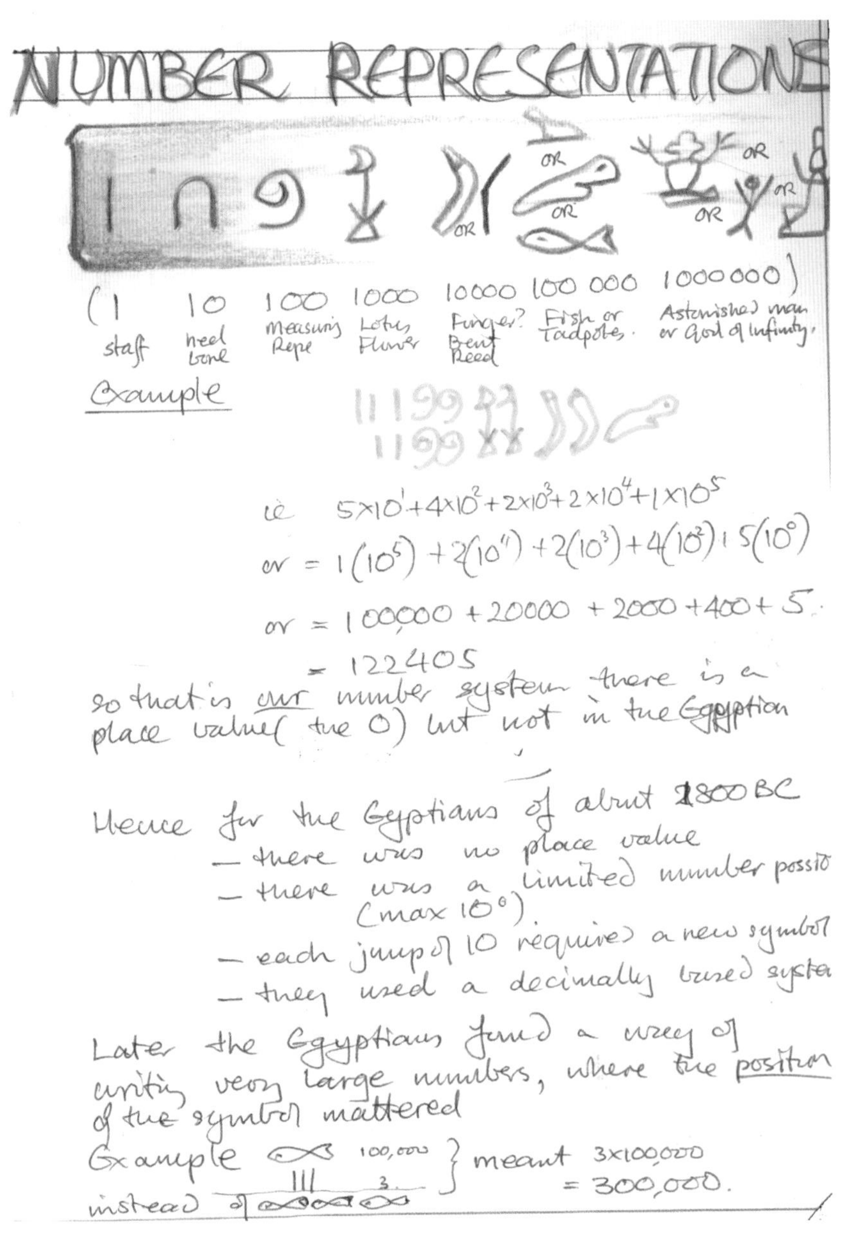

圖2.7　現代數目122405 的埃及符號表示（圖說文字中譯，參見P.218）

十進位數目，指數寫法（長式）和我們普遍的簡寫形式

大家都熟悉十進位系統。這源於它有位值的概念與包含**無**（什麼都沒有或零）的優點。這就是所謂的**基底十**系統。

如果我寫下1，絕對就不是10，但是把0放在1後面，就會變得比1多很多。事實是，把0放到1的右邊表示有十個1。因此，我們的數目取決於我們放置它的**位置**。更好玩的是，對於1的數量，也有不同的**符號**來表達。

我們今日使用的一系列符號，源自過去印度和阿拉伯世界的天才。這些符號可能是任何字形。舉例如下：

符號	符號的意義
0	沒有
1	1
2	1 + 1
3	1 + 1 + 1
4	1 + 1 + 1 + 1
5	1 + 1 + 1 + 1 + 1
6	1 + 1 + 1 + 1 + 1 + 1
7	1 + 1 + 1 + 1 + 1 + 1 + 1
8	1 + 1 + 1 + 1 + 1 + 1 + 1 + 1
9	1 + 1 + 1 + 1 + 1 + 1 + 1 + 1 + 1

無庸置疑，和 1 + 1 + 1 + 1 + 1 + 1 + 1 + 1 + 1 相比，9 在書寫、時間和空間上，都大大地簡化了。不只如此。如果我們書寫數目時，妥善地使用位值系統，將更有經濟效益、簡化性和便利性。將 1 + 1 + 1 + 1 + 1 + 1 + 1 + 1 + 1 簡化成 9（甚至還沒達到 10）的表達形式之後，是最令人佩服的是，藉由進一步的簡單設計，將大數目的表達形式給簡化。這不僅是符號本身的意義，而是一個過程。

重述所有這些位值（units）....

1 + 1 + 1 + 1 + 1 + 1 + 1 + 1 + 1 + 1 + 1 + 1 + 1 + 1 + 1 + 1 + 1 + 1 + 1 + 1 +
1 + 1 + 1 + 1 + 1 + 1 + 1 + 1 + 1 + 1 + 1 + 1 + 1 + 1 + 1 + 1 + 1 + 1 + 1 + 1 +
1 + 1 + 1 + 1 + 1 + 1 + 1 + 1 + 1 + 1 + 1 + 1 + 1 + 1 + 1 + 1 + 1 + 1 + 1 + 1 +
1 + 1 + 1 + 1 + 1 + 1 + 1 + 1 + 1 + 1 + 1 + 1 + 1 + 1 + 1 + 1 + 1 + 1 + 1 + 1 +
1 + 1 + 1 + 1 + 1 + 1 + 1 + 1 + 1 + 1 + 1 + 1 + 1 + 1 + 1 + 1 + 1 + 1 + 1 + 1

以10為一組，收集這些數字

= 10 + 10 + 10 + 10 + 10 + 10 + 10 + 10 + 10 + 10

將組數乘以每組所表示的數量。

= 10×10

那就是：

= 100

如果將組的數目提升至冪，在這裡的情況是2，我們可以寫成10^2。這就是今日所謂的最後整併。

如此，我們可以大大簡化大數目的表達形式了。

100	=	10×10	$= 10^2$
1 000	=	10×10×10	$= 10^3$
10 000	=	10×10×10×10	$= 10^4$
100 000	=	10×10×10×10×10	$= 10^5$

甚至非常大的數字，也可以依此類推。會不會有人喜歡將10 000 000 000 000 000 000 000 000寫出來？不！因此，我們只是寫下10^{25}，表示……多美的數字！

長式和簡式寫法

這種方法甚至能夠將指數或冪數的書寫，變得非常簡單。如果我們有（比如說）76540這個數目，那麼，它真正的意思如下：

底下數目的總和：

70000+6000+500+40

或是十倍數的總和等於

$7\times10000+6\times1000+5\times100+4\times10$

寫成冪數形式時為

$7\times10^4+6\times10^3+5\times10^2+4\times10^1$

所以，簡式書寫版，76540

表示其長式書寫為$7\times10^4+6\times10^3+5\times10^2+4\times10^1$。

練習二十一：十進制的長式和簡式寫法

1. 寫出360的長式寫法

   $3\times10^2+6\times10^1$

2. 將其表示成簡式書寫$5\times10^4+9\times10^3+1\times10^2+2\times10^1$

   59120

3. 365的長式書寫是？

   $3\times10^2+6\times10^1+5\times10^0$

4. $5\times10^4+3\times10^3+2\times10^2+9\times10^1+7\times10^0$ 的簡式書寫？

   53297

（注意：我們已經推論10^0=1了。要證明這個，對於七年級生吃不消的，但如果他們能知道一些指數或冪的運算技巧，可以藉由以下的推導理解：

$$1=\frac{5}{5}=\frac{5^1}{5^1}=5^{1-1}=5^0$$

這表示如果所有這些等式是相等的，則 $5^0 = 1$。但我們可以選擇任何數目，不只是 5。因此，我們可以說 $x^0 = 1$，其中x是（非 0 的）任何數目。所以 $10^0 = 1$，如果 $10 = x$。換句話說，任何數的零次方都是1。

這也就是說，$2^0 = 1$成立。我們將需要此觀念繼續處理二進位數。換句話說，按基底 2，而不是基底 10。

二進位數

我們發現計算器和電腦裡的現代數字系統，是基於二這個數，或**基底二**的系統。學生可能不會遇到這些，又或者他們其實會碰到？二進制常被解釋為開或關，或是任何電路系統的兩個關鍵條件。**啟動**或**關閉**。這些往往以符號1（啟動）和 0（關閉）來表示。

1 這個數字表示**開**，而 0 通常表示**關**。一般電器開關的控制鈕就是這樣設計的。

有時候，我們也看到數字寫成 101011 的形式。這是什麼意思呢？這數目是多少呢？

如果這些1和2代表2的某些冪的有或無，並且位值也是如此重要，那麼我們要如何解釋這些數目？正如我們所想的10基底的10之冪，我們也是這樣思考2為基底的2之冪。

先建立2之冪的表格是有幫助的。第二欄是大家熟悉的用法。

圖2.8 機器的開／關組合。在它的標記上出現1和0

$2^0 = 1$	1
$2^1 = 2$	2
$2^2 = 2 \times 2$	4
$2^3 = 2 \times 2 \times 2$	8
$2^4 = 2 \times 2 \times 2 \times 2$	16
$2^5 = 2 \times 2 \times 2 \times 2 \times 2$	32
$2^6 = 2 \times 2 \times 2 \times 2 \times 2 \times 2$	64
$2^7 = 2 \times 2 \times 2 \times 2 \times 2 \times 2 \times 2$	128
$2^8 = 2 \times 2 \times 2 \times 2 \times 2 \times 2 \times 2 \times 2$	256
$2^9 = 2 \times 2 \times 2 \times 2 \times 2 \times 2 \times 2 \times 2 \times 2$	512

練習二十二：將二進制轉換成十進制

一、二進制　1　1　1 的十進制是？

它指　$= 1 \times 2^2 + 1 \times 2^1 + 1 \times 2^0$

或　$= 1 \times 4 + 1 \times 2 + 1 \times 1$

或　$= 4 + 2 + 1$

或指　$= 7$　有時候會寫成 $111_2 = 7_{10}$。

二、另一個例子。

二進制　1　0　1　0　的十進制是？

$= 1 \times 2^3 + 0 \times 2^2 + 1 \times 2^1 + 0 \times 2^0$

$= 1 \times 8 + 0 \times 4 + 1 \times 2 + 0 \times 1$

$= 8 + 0 + 2 + 0$

$= 10$　也就是 $1010_2 = 10_{10}$

三、將 1000_2 轉換成十進制？　8

四、將 101011_2 轉換成十進制？　$32+0+8+0+2+1 = 43$

五、但是如何將 145_{10} 轉換成二進制或基數 2 呢？（參考上表）

首先將 145 減去小於它又是最高的 2 之冪次

也就是 $145 - 128 = 17$

再來，減去小於 17 又是最高的 2 之冪次

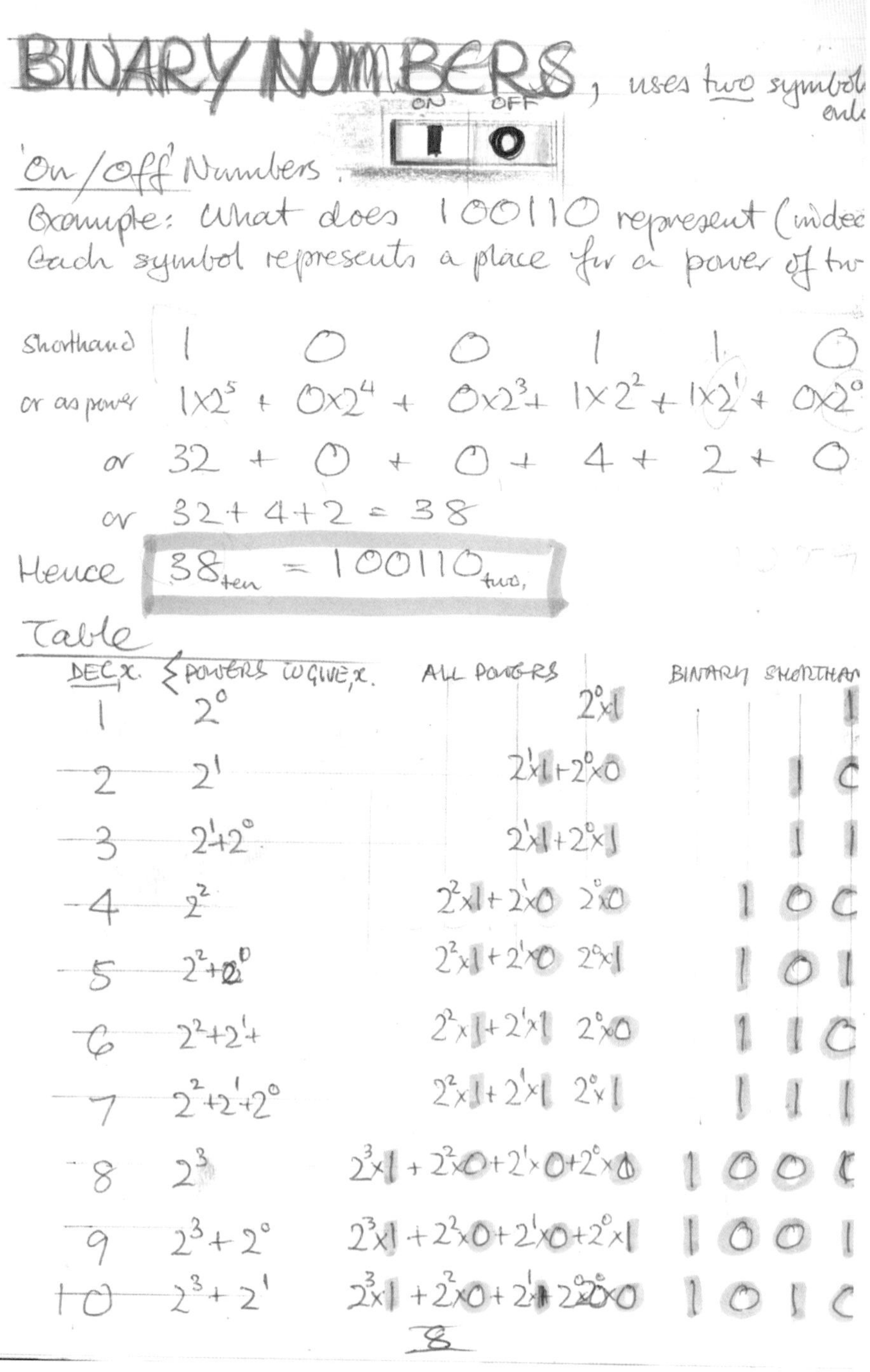

圖2.9　二進位數（圖說文字中譯，參見P.218）

也就是 $17 - 16 = 1$

如此，我們可得 $145 = 128 + 16 + 1$

或是放入缺少的冪：

$$145 = 1\times128 + 0\times64 + 0\times32 + 1\times16 + 0\times8 + 0\times4 + 0\times2 + 1\times1$$

$$145_{10} = 1 \quad 0 \quad 0 \quad 1 \quad 0 \quad 0 \quad 0 \quad 1_2$$

六、將 999_{10} 改成二進位數是？

$512 + 256 + 128 + 64 + 32 + 0 + 0 + 4 + 2 + 1 = 1\ 1\ 1\ 1\ 1\ 0\ 0\ 1\ 1\ 1$

七、最後，請證明 38_{10} 等同於 100110_2。

度量

計數和它們的系統是一回事，但還有有別於計數的事情，測量本身就是一例！如果我們希望**度量**什麼，除了求助於數目之外，也需要其他協助。例如，在計算距離上，我們必須有一些標準化的度量。有非常多不同的度量標準。或者，曾經如此。今日，許多國家都使用公制，其他則為英制（甚至美國也是）。在此之前，則是有許多其他標準。在討論過於廣泛之前，我們要先認識平面上有兩種不同的基本度量。

距離與角

在我們日常生活的空間中，有**距離**和**角度**這兩種不同的度量。即**沿著**線的距離和**圍繞**線（或點）的角度。想像一下它們有多麼不同。

在某個狀況下，我們沿著一條線以相等的長度前進。以我們的步伐的長度來測量距離是一個好方法，或是短一點，用我們的腳長。腳（foot）的確是一個度量，而且許多地方還在使用。

早期有一些文明將腕尺（cubit）當作度量單位。但前臂有多長呢？是法老或國王的前臂長度嗎？如果是這樣，就不可避免地會隨時改變。

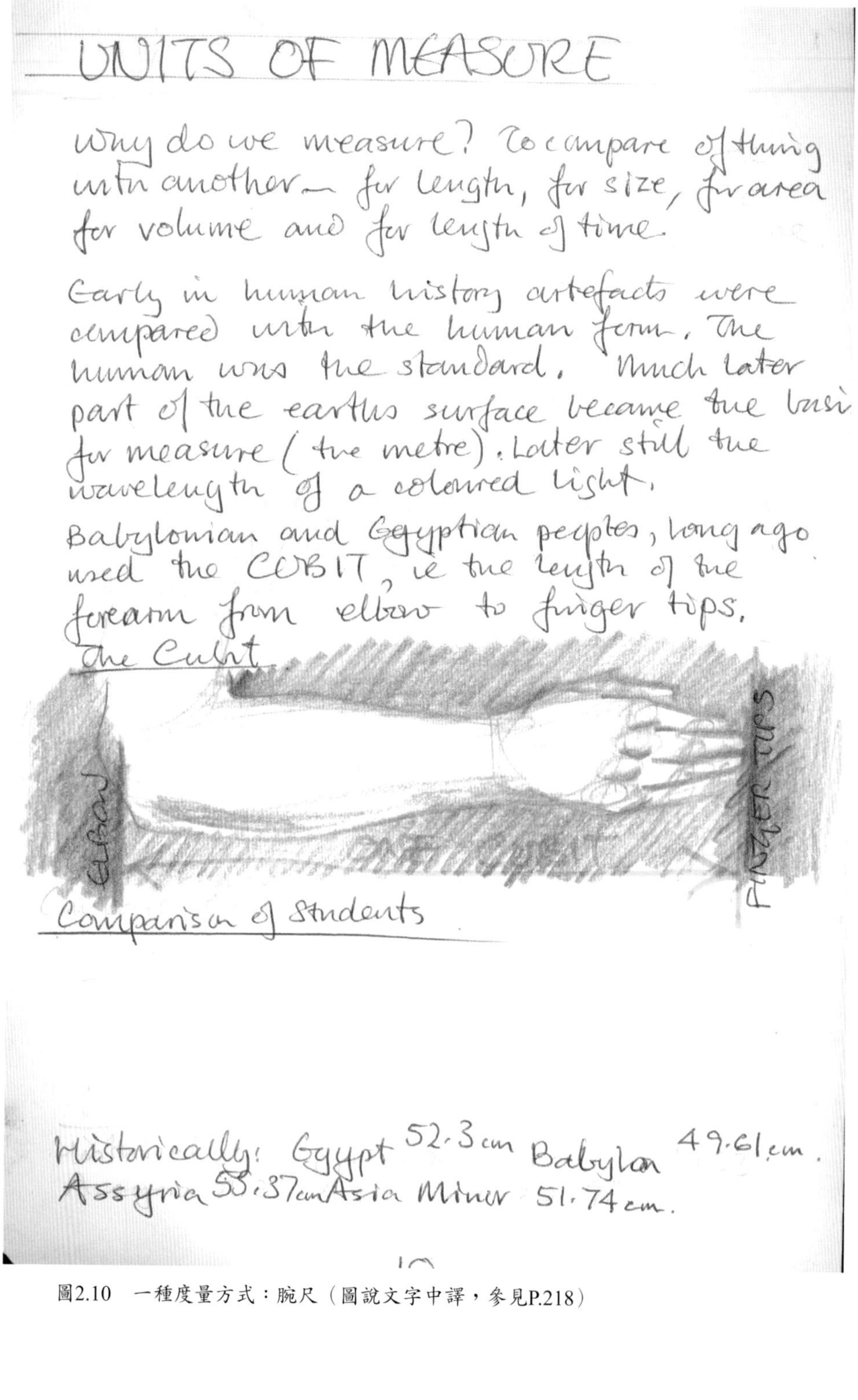

UNITS OF MEASURE

Why do we measure? To compare of thing with another — for length, for size, for area for volume and for length of time.

Early in human history artefacts were compared with the human form. The human was the standard. Much later part of the earths surface became the basi for measure (the metre). Later still the wavelength of a coloured light.

Babylonian and Egyptian peoples, long ago used the CUBIT, ie the length of the forearm from elbow to finger tips.

The Cubit

ELBOW

ONE CUBIT

FINGER TIPS

Comparison of Students

Historically: Egypt 52.3 cm Babylon 49.61 cm. Assyria 55.37 cm Asia Minor 51.74 cm.

10

圖2.10　一種度量方式：腕尺（圖說文字中譯，參見P.218）

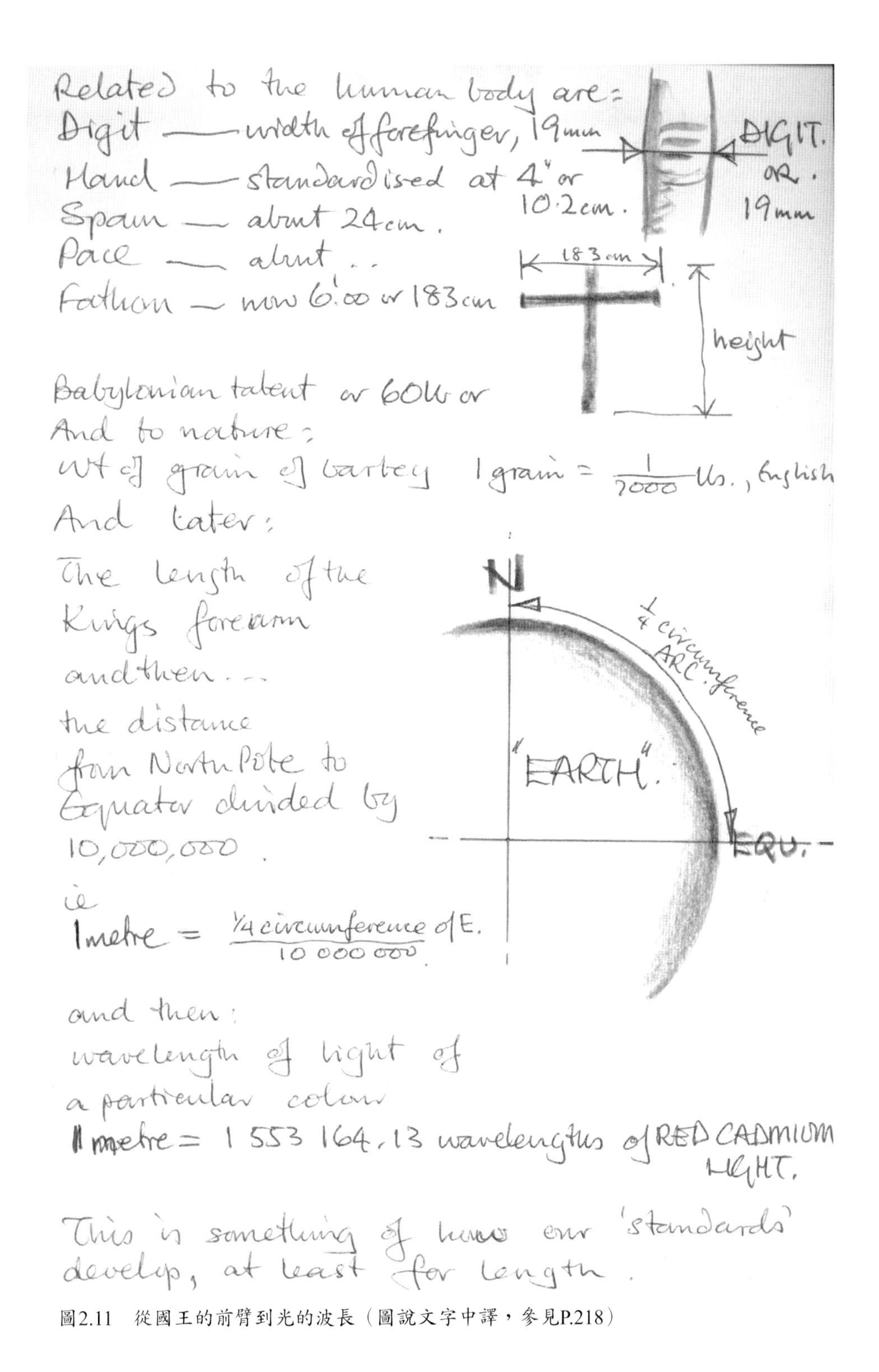

圖2.11　從國王的前臂到光的波長（圖說文字中譯，參見P.218）

甚至對不同的民族而言亦不相同。對於埃及人和巴比倫人，腕尺大約是20英寸或51公分（《牛津初級百科全書》，1951年，p.263）。其他來源有其他數值（見圖2.10）。

度量的歷史進程似乎從人類最高的階級（例如國王）開始，好比人的形式本身，再到大自然（地球圓周長的一部分），再到最近光波長的某些數。

將北極到赤道的長度的四分之一除以 10000000 之後的距離，定義為公尺，大約是在1791年由法蘭西科學院所制訂的。在梅辛（Méchain）和達倫伯（Delambre）史詩般地努力下，得到一公尺等於39.37008英寸的結果。公尺的字源來自希臘文的**度量（metron）**。今日我們利用反向說明，定義公尺即光在真空中1/299792458 秒所行走的距離！（假設光具有在尋常意義上的「速率」是有爭議的。）這是國際單位制（International System Units）的定義。如果要度量一棟房屋的合理長度，大多數人都樂於用步伐去計算。但是基於某些原因，比較高的精確度是必要的，特別是如果你是購屋者！

練習二十三：距離的度量

一、度量一些距離，並在一個表格中用英寸和公分說明其估計的長度。

二、一英寸是多少公釐呢？ 25.4mm

三、計算上圖2.10中平均的前臂長。 52.255cm

四、為什麼法國對於公尺的最初定義是有問題的呢？
它假定地球是一個精確的球體。事實上並非如此。就地球表面來看，一直都是梨子形和四面體形。

五、「英寸」是如何制定的？

1284 年愛德華二世所頒布的法令，寫道：「三粒乾燥且圓形大麥穗排成一行的長度，就是一英寸；十二英寸就是一英尺；三英尺就是一尺骨〔碼〕。」

角的度量

這是一個不同的天地。比起過去，現在只剩下少數還在使用的角度單位。我只知道三種，分別是角度、弧度和百分度。每種都與圓旋轉一周有關。角度是目前最常見的。弧度多用在數學的類型上。而「百分度」(gradian) 我剛碰到。

單位：　　　一個完整圓的部分：

角度　　　　一圈360°

（每度有60分，每分有60秒）

弧度　　　　$\frac{1}{2\pi}$（或約57°）。一圈大約6.28弧度

（我們在之後的章節在來處理一些關於 π 的祕密）

百分度　　　一圈400百分度

（每百分度有100百分分〔centesimal minutes〕，每百分分有100百分秒〔centesimal seconds〕）

一些歐洲國家的測量師使用百分度。它是十進位的角度值。100百分度就是直角。我對百分度一樣熟悉。如果我們檢查學校的計算機，就可發現**角度、弧度**或**百分度**。檢查看看你學校的計算機。

練習二十四：角度的測量

一、四分之一的圓是多少度？ 360/4=90

二、轉100圈是多少度？ 360×100 = 36 000

三、繞中心轉8.345圈是多少百分度？ 8.345×400 = 3338

四、如果 π = 3.141592653589793弧度，那麼一個完整的圓周是多少弧度？ 3.141592653589793×2 = 6.28318530717958

五、這三種角度單位如何比較，也就是說1度是多少弧度或多少百分度？
一百分度是90/100度= 0.9度。一弧度為360 /2 π 度= 57.2957度。因此，1：0.9：57.2957。

熟悉的度量工具

距離是用直尺來度量，這個工具的刻度常以公分（或釐米）表示（某些國家則是以英寸表示），而其長度通常為三十公分。

角是用量角器來度量，這個工具通常以十度為一個區間，再將其以一度平分並做成半圓形的樣子（整個圓的量角器較不常見）。

這兩項工具指出兩個根本不同的世界：線形（直線）及圓形（曲線）。兩者之間的區別日益分歧，其中一個的度量對另一個是**不可公度量的**（incommensurable），亦即這兩個度量之比並非分數。我們舉直徑2單位的圓來看，其圓周長為：

$$2\times\pi = 2\times 3.141592653589793...$$
$$= 6.283185307179958 \text{ ....單位}$$

這與古代三大作圖難題之一的「化圓為方」有關：已知圓之半徑，運用圓規與直尺作出一個正方形，使其面積與此圓相等。

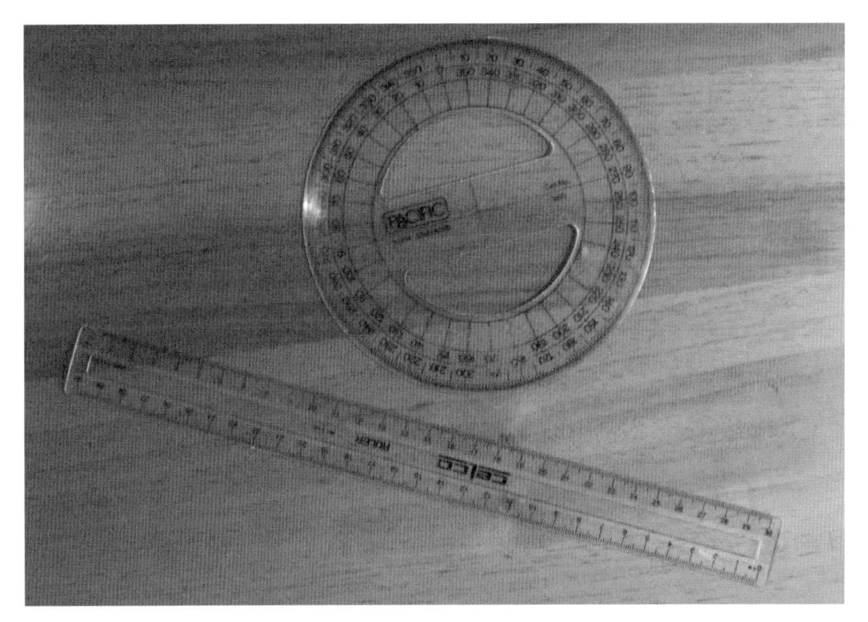

圖2.12　兩個基本的作圖工具

由於它需要的 $\sqrt{\pi}$ 長度，在過去是不可能得以解決的，「傳統的尺規作圖只能產生代數數（algebraic number）」（Gullberg 1997, p. 422），而 π 是超越數（transcendental number），不單單只是無理數。

數目的種類

各種數目可以摘要如下頁圖 2.13（僅就實數而言）。

質數和艾拉托色尼篩法

有一個領域裡全都是迷人的數目，它們比1大，而且我們找不到任何數可以整除它們（除了該數本身與1）。這些數目被稱為質數。如果1不被視為質數，則第一個質數是2。接下來是3。但4不是質數的，因為它可以被2整除。

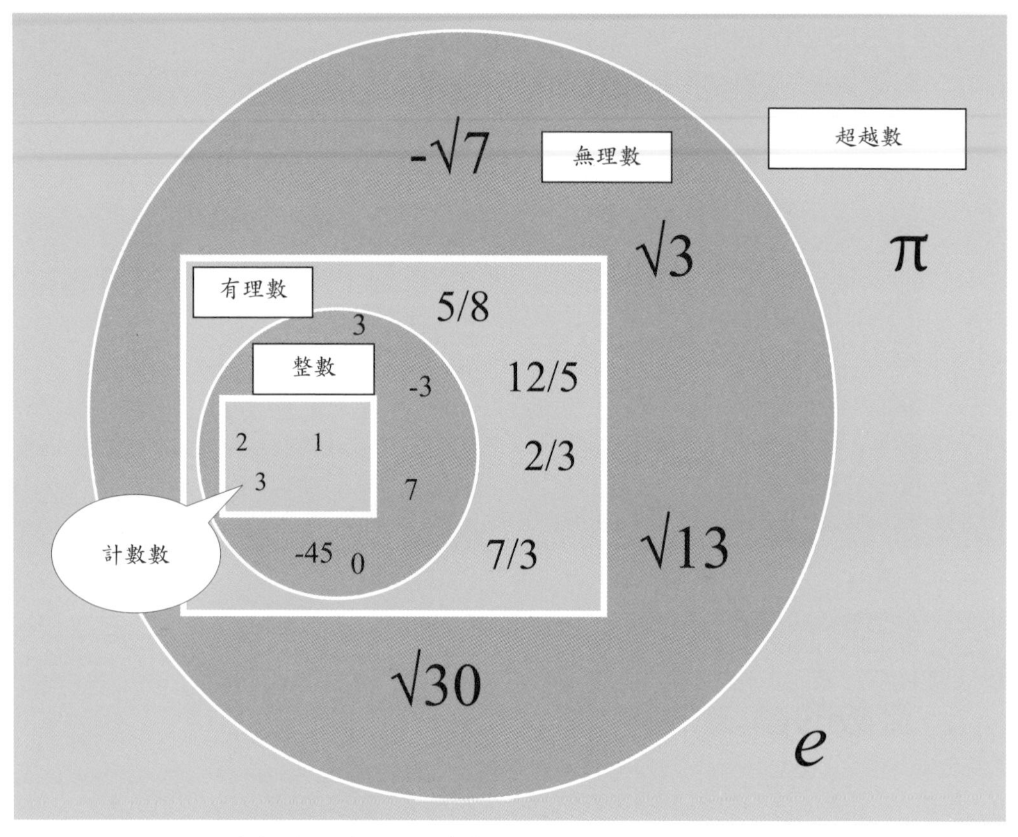

圖2.13　從計數數到超越數的數目集合

它們是神祕的，因為沒有人能給出有關它們的預測法則：一個數目只能被檢查是否是一個質數。

這是怎麼做到的？只要檢查它是否有因數即可。什麼是因數？斐波那契稱質數為非合數，因為如果它們是合數，則它們不是質數。一個正整數將整數整除得到商數而沒有餘數，就說它是某數的因數。例如：99不是質數。它可以被 9 除得商數 11 而沒有餘數。

但97是一個質數。它不會被2或3整除，連用 4, 5, 6, 7, 8, 9, 10 去除也會有餘數。甚至用 11 到 98 之間的整數去除也無法整除。檢驗看看。這樣的測試很冗長。檢查987654321是不是一個質數！這裡有一些初步的方法可以用來協助判斷。987654322是質數嗎？不是，它不是，因為任何數目若個位數字是偶數，則至少有一個因數是2。忽然間，我們可以篩去一大堆數字——所有偶數或是 2 的倍數。

所以，在如下數列：

1, 2, 3, 4, 5, 6, 7, 8, 9, 10, 11, 12, 13, 14, 15, 16, 17, 18, 19, 20

我們注意到，所有的藍色數字是偶數，2 的倍數也就是當中的一半數目。這是否意味著一路數到無窮，會有一半的數目是偶數，而另一半就是質數呢？它看似可能如此，但並非如此，因為其中的一些可被3整除。我們以綠色來顯示：

1, 2, 3, 4, 5, 6, 7, 8, 9, 10, 11, 12, 13, 14, 15, 16, 17, 18, 19, 20

可被5整除的，我們以紅色顯示：

1, 2, 3, 4, 5, 6, 7, 8, 9, 10, 11, 12, 13, 14, 15, 16, 17, 18, 19, 20

這個動作可以持續下去，但確實很乏味，不過**留下的黑色數字**將是質數。不意外地，一位名為艾拉托色尼（Eratosthenes，約276-194BC）的希臘人，提出一個圖像式的計算方法。他的設計被稱為艾拉托色尼篩法（Gullberg 1997, p.77）。

質數的篩法

認識到1不是質數後，我們將2之後每兩個數目塗色。如果顏色尚未塗滿，則將3之後每三個數目塗色（如圖 2.14）。如果顏色仍尚未塗滿，則將5之後每五個數目塗色，依此類推。再將7之後每七個數目塗色……。注意：那些**沒有被塗色**的數字就是質數了。

1	2	3	4	5	6	7	8	9	10
11	12	13	14	15	16	17	18	19	20
21	22	23	24	25	26	27	28	29	30
31	32	33	34	35	36	37	38	39	40
41	42	43	44	45	46	47	48	49	50

圖2.14　利用艾拉托色尼篩法檢驗1到50

練習二十五

一、在下表中塗上顏色，直到數目100。這樣就只留下質數。

1	2	3	4	5	6	7	8	9	10
11	12	13	14	15	16	17	18	19	20
21	22	23	24	25	26	27	28	29	30
31	32	33	34	35	36	37	38	39	40
41	42	43	44	45	46	47	48	49	50
51	52	53	54	55	56	57	58	59	60
61	62	63	64	65	66	67	68	69	70
71	72	73	74	75	76	77	78	79	80
81	82	83	84	85	86	87	88	89	90
91	92	93	94	95	96	97	98	99	

二、列出從 2 數到 100 的質數

2, 3, 5, 7, 11, 13, 17, 19, 23, 29, 31, 37, 41, 43, 47, 53, 59, 61, 67, 71, 73, 79, 83, 89, 97

三、從2到100有多少個質數？ 25

四、你必須用到多少新顏色？

不會是11, 13, 17，它們的倍數皆已被上色。

五、在這些質數陣列中，你有發現任何模式嗎？

質數有時隔一個數字後成對出現。所有的質數加1或減1後可以被6整除。

六、1000011_2是質數嗎？(注意：質數性質與基底無關)

$1000011_2 = 1\times64+0\times32+0\times16+0\times8+0\times4+1\times2+1\times1=2^6+2^1+2^0=67_{10}$。所以是。

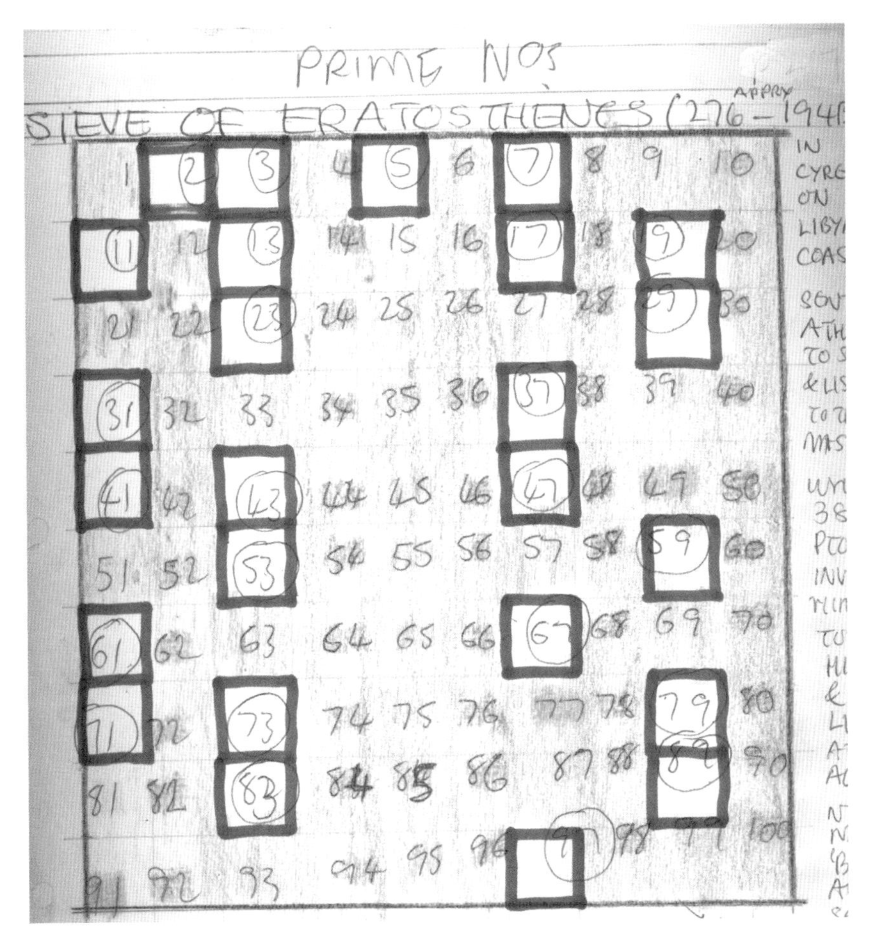

圖2.15　艾拉托色尼篩法：另一種表現形式

畢氏三數組

什麼樣數目關係使得畢達哥拉斯如此廣為人知？

練習二十六：畢氏三數組

這是一項探索我們所謂的「畢氏三數組」的練習。怎樣的兩個整數，當它們的平方相加所形成的整數，本身也是一個**平方數**？（例如 4^2，就是 4×4）

底下兩個數字是否符合這個要求呢？

一、40和30可行嗎？是的，30^2 加上 40^2，或（30×30）+（40×40），得到 2500。而 2500 當然是 50^2，也就是說 50 是 2500 的平方根。馬上試試看吧。

二、20 和 30 呢？

三、3 和 4

四、5 和 13

五、12 和 5

六、1 和 1

七、240 和 250

是否有一個規則，如此我就不用反覆試驗，而且它還可以告訴我們如何建構像這樣 組**畢氏三數組**？

是的，這個規則是有的，而且也不是太困難，我們將在下一個練習中闡述。但是並非所有我們嘗試的任何兩個數字，都可以得到一個**完美的平方數**。

然而，如果整數不是一個完美平方數，我們可以找到它的平方根嗎？有一個**演算法**（或方法），並且不需要用到計算器，但稍後將再討論。

與此同時，我們要如何形成這樣的三數組呢？

練習二十七：畢氏三數組，一種確定它們的方法

對於我們要產生的三個未知數（pro-numerals，利用字母來表示），a、b、c，我們令 $a^2+b^2=c^2$。

現在，我們令 $a= 2pq$，$b = p^2-q^2$ 和 $c = p^2 + q^2$，其中 p 和 q 均為正整數（即正的整數），並且 p 是大於 q 的（或以符號表示，$p> q> 0$）。

有了這些附加條件，我們可以構造一些三數組。試試底下的範例：

一、令 $p = 4$ 和 $q = 3$（它們都是正整數，即 $4 > 3$，p 是偶數，但 q 不是。
那麼 a，b 和 c 分別是多少呢？
$a = 2 \times 4 \times 3 = 24$，$b = 4^2 - 3^2 = 7$，$c = 4^2 + 3^2 = 25$
（檢查是否滿足：$a^2+b^2=c^2$
代入 $24^2 + 7^2 = 24 \times 24 + 7 \times 7$，其中 $a = 24$，$b = 7$
得到 $= 576 + 49$
其和為 $= 625$
因此是 $= 25^2$，正如預期，這是 c 的平方）

現在試試這些……

二、令 $p = 2$ 和 $q = 1$（這是最被喜愛的），那麼，a、b、c 是多少？

三、令 $p = 3$ 且 $q = 2$，則 a、b 和 c 是多少？

四、令 $p = 5$ 且 $q = 2$，則 a、b 和 c 是多少？

五、令 $p = 4$ 且 $q = 2$，則 a、b 和 c 是多少？

六、列出的前四個畢氏三數組。

p 與 q 是否需要其他條件呢？書上說兩個當中有一個必須為偶數（即可被 2 整除）。真是如此嗎？

上述方法可以找到所謂的「純粹」三數組。但是，不需要特殊條件仍然可找到 c 的值。我們透過圖形的（或幾何上的）進一步練習，可以看到這一點。但我們先在一些圖表上進行小小的探索。

上面第二題的答案是 $a = 4$，$b = 3$ 和 $c = 5$。一個數目的平方與另外一個不同數目的平方等於第三個數目的平方，在空間上（或者平面上）的意義是什麼（圖 2.16）？

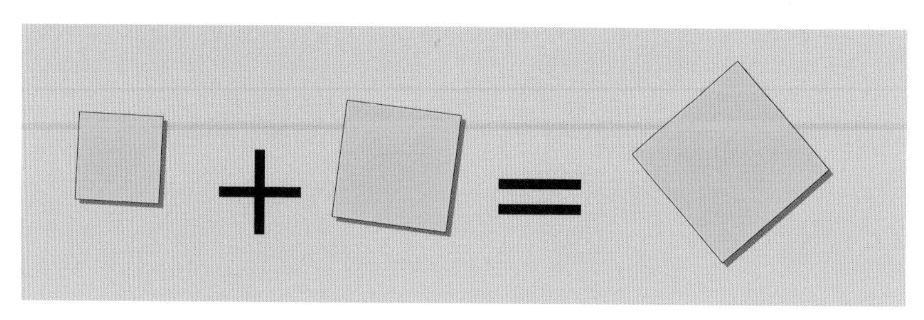

圖2.16　添加正方形？

可以按更有意義的方式排列嗎？當然可以。我們發現，可以將這些正方形放在一起，而在空間中形成一個三角形（圖 2.17）。這也是一個最有意思的三角形。因為它的三個角度（如我們所知三個角度和是 180°）中，一個是直角（圖2.18）。在這裡，數目和幾何之間有一個神祕的關係……很久以前的巴比倫蘇美人，似乎早就發現了這一點，這要歸功於畢達哥拉斯。

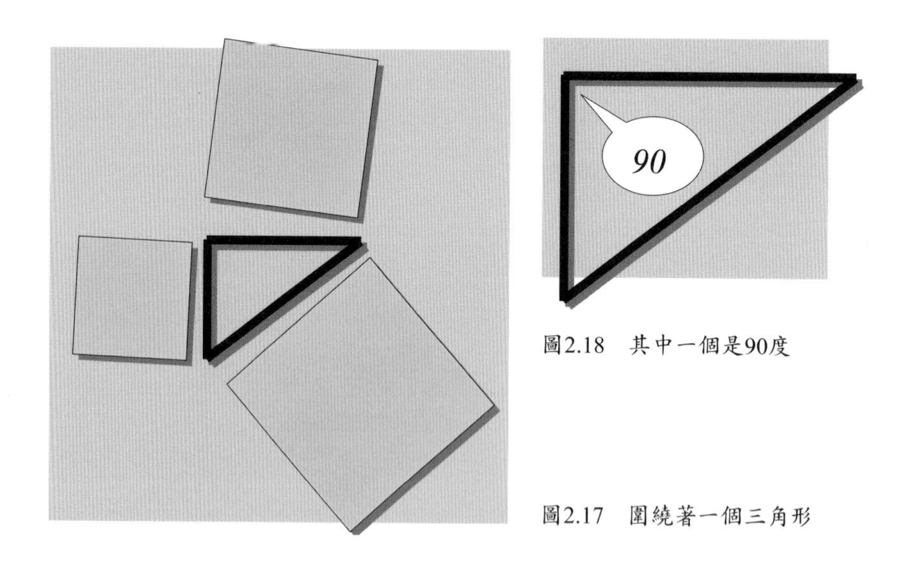

圖2.18　其中一個是90度

圖2.17　圍繞著一個三角形

有關這些正方形與直角三角形，還有很多可以談，但現在讓我們畫出高為單位長度的直角三角形之**最長邊**，看看會有什麼結果。

練習二十八：找出特定直角三角形的最長第三邊

以單位邊長開始（即邊長以1為單位），我們要如何找到直角三角形的第三邊呢？當然我們可以畫出來，並且得到答案。

圖2.19

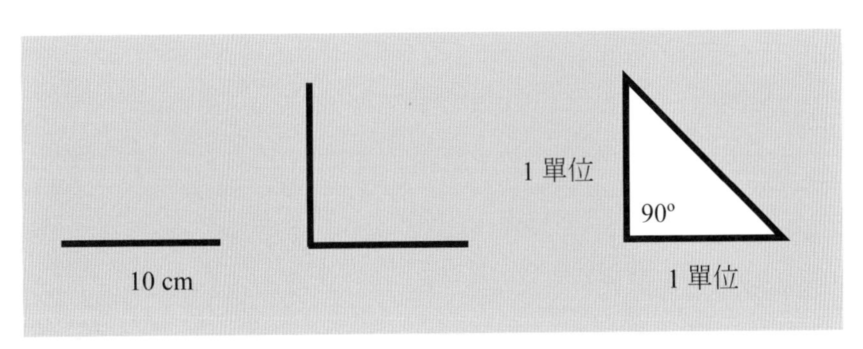

一、繪製它。底邊標記水平線長10cm（比方說）。為了方便，我們令單位長為 10cm。

二、現在，在左側畫出長 10cm並與底邊垂直的鉛直線（回憶一下練習一的作圖方法）。

圖2.20

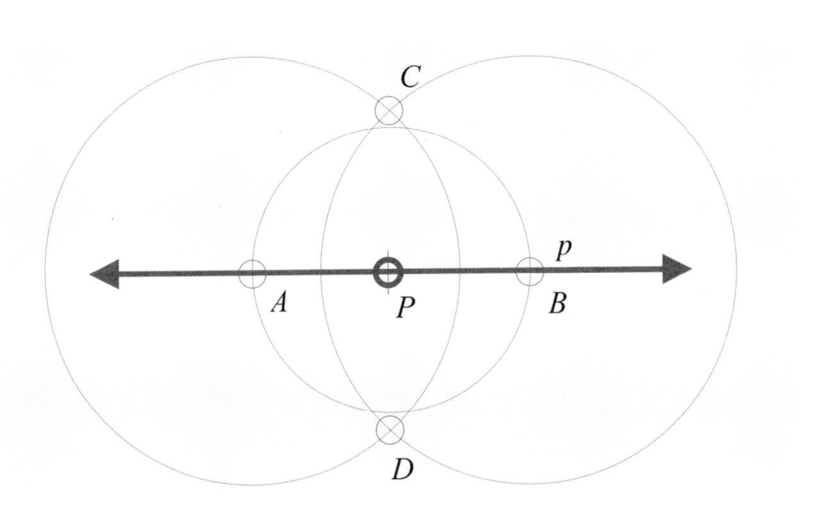

三、盡你可能地準確度量它的最長邊。大約應該是14cm。或許是14.1cm。檢查一下。我們仍可以得到更精確的數據嗎？它可以是14.14cm嗎？誰敢說我們無法度量到14.142cm呢？

從我們討論的數目來看，此三角形中直角的兩個短邊之平方和，與最長邊（即所謂的**斜邊**）之平方是相等的。

$1^2 + 1^2 = 2$，沒錯，到目前都是。或者，$10^2 + 10^2 = 200$。

但什麼數的**平方**是 2 呢？或者，什麼數的平方是 200 呢？是14或14.1 或 14.14 或14.142 嗎？檢查看看這些數目的平方：

$14 \times 14 = 196$

$14.1 \times 14.1 = 198.81$，離 200 沒有太遠，然後

$14.14 \times 14.14 = 199.9396$，非常接近 200 了

最後（如果我們可以準確地度量到）$14.142 \times 14.142 = 199.996164$，這又非常靠近200了

利用度量的精確性與增加位數，看看會有多準確，這是一個有意思的練習。

練習二十九：200的平方根是多少？

學生應先用他們標準的公分（直）尺來度量，但沒用到小數位數（或精確到公分）。然後，到小數點後一位。然後，再到小數點後兩位。想要用標準的尺去找小數點後更多位，並沒有多大意義，因為其距離與第一次畫出來的地方差不多的！現在製作一張表。練習完成底下的表格。

圖2.21

以公分測量	加以平方	以200減去	除以200	計算誤差值
14	14 × 14 = 196	200 -196 = 4	4/200 = 0.02	0.02 × 100 = 2%
14.1				
14.14				= 0.0302%

有關精確性，我們注意到什麼？如果使用更多的小數位數，是否可以得到更好的結果？

當然會，但我們可以恰好得到 200 嗎？我不這麼認為。因此，在這裡學生們可以看到一些有趣的數目，它們是我們無法得到精確平方根。

我們無法精確回答 200 的平方根到底是多少，但我們知道它**大約**是 14.14。

上表最好的答案是 14.14，即使如此，它給出了 0.0302% 的誤差。這不錯了。但也不是**精確**的平方根。據說這個邊長為 10、10、14.14 的簡單小三角形，對古希臘世界造成很大的麻煩。在此，不是有一個三角形的一邊長不是整數嗎？而且，對他們而言，世界不是由整數所構成的嗎？

在進一步的練習中，我們將馬上找到這些有趣數目的前幾個。這些特殊有趣的數目稱為**不盡根數**（*surds*，並不是謬誤的〔*absurds*〕）或**無理數**。重點是，我們已經發現有些數並不是簡單的計數數（counting number）。而這全都來自幾個三角形，如下面練習中所展示。

練習三十：前幾個不盡根數

一開始做十倍比例的圖，這是為了精確起見。

一、標記點 O 並畫一條長 10 cm 的線到點 A。

二、從 A 點畫一條向上垂直 10 cm 的線到點 B。

三、連接 OB 線段形成三角形 OAB。

四、度量 OB 線段長度，並以此為一圓之半徑。

五、從 B 點畫一弧與 OA 直線相交，找到點 C。則 OC 線段約為 14.14 cm（或$\sqrt{200}$）

六、從點 C 繼續畫向上垂直 10 cm的線至點 D。

七、連接 *OD* 線段形成三角形 *OCD*。

八、度量 *OD* 線段長度，並以此為一圓之半徑。

九、從 *D* 點畫一弧與 *OA* 直線相交，找到點 *E*。則 *OE* 線段約為17.32 cm（或$\sqrt{300}$）。

十、這整個程序當然可以一直持續下去！學生應該試著畫到整個序列中的下一個整數。（當然也就是3）。這也是繪圖和圓規使用的一個精準性測試。

十一、寫下沿著直線 *OA* 的所有半徑。應該有 *A* 點10 cm，*C*點14.14 cm，*E* 點 17.32 cm等等，（在圖 2.22中，只寫了單位長度的倍數，例如 1，$\sqrt{2}$，$\sqrt{3}$，2，$\sqrt{5}$ 等）。

我們在這裡已經產生了不少有趣的數目了。像 1、2、3、4、5都是整數（或說無小數點的數），然而 $\sqrt{2}$、$\sqrt{3}$、$\sqrt{5}$ 就是我們所說的不盡根數或無理數。

圖2.22

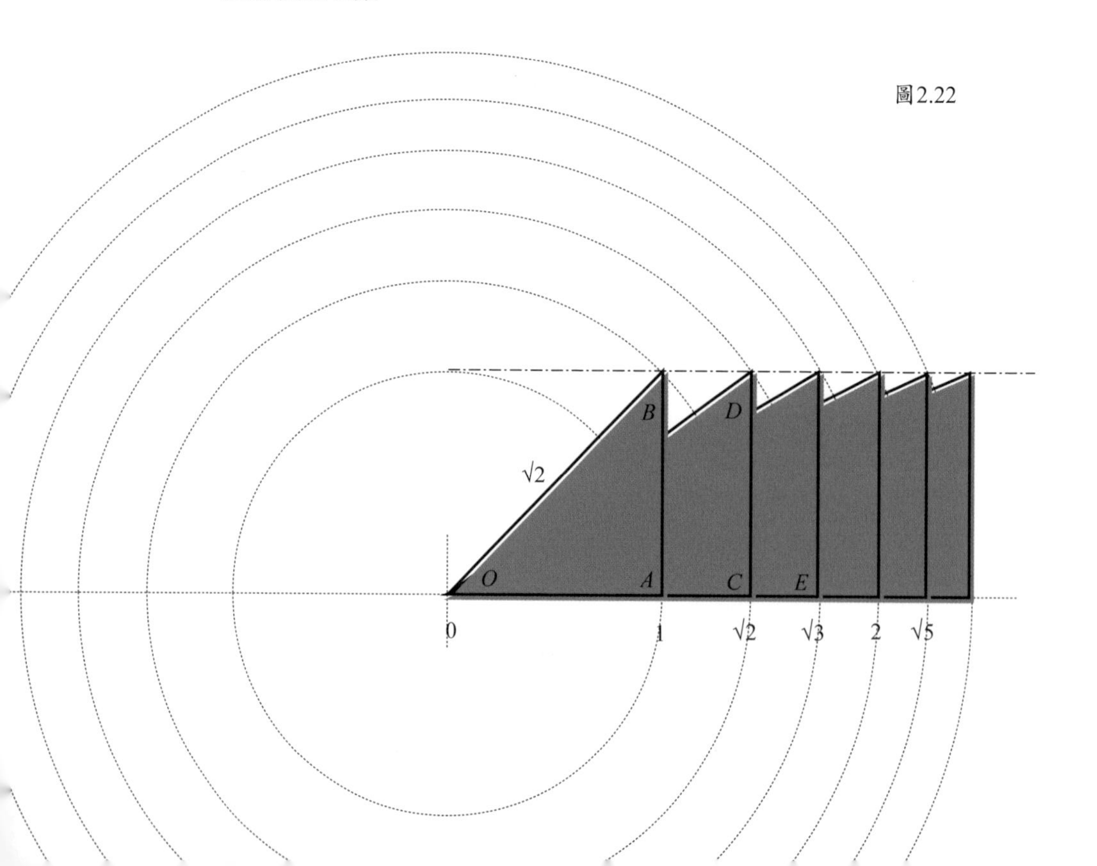

現在我們有一種只能用根式符號（√‾）才能**準確**表達的數目，在不使用計算器情況下，該怎樣做才能得到這些數的良好近似值呢？(即使不是精確的。) 這些不盡根數對製造者或木匠似乎有幫助！有一種方法（或演算法）可以找到平方根。這有點複雜，但不會太困難。我們將可以已知答案的數當成第一個測試，以確保我們曉得這個運算。例如，678×678，得到459　684，於是我們就會知道 $\sqrt{459684}$ 等於678。這個方法將在下一個練習中演示。有點像是一種特別的長除法。

練習三十一：利用演算法找出平方根

一、在一個類似如下網格的紙上寫下數目（本例是459684）。以小數點位數開始向左每兩個數，畫出一條垂直線。想想看哪個數目自乘後，不超過但會接近45。答案是 6 乘 6。如圖所示，將一個 6 置於由右數來第五行的 5 之上方。將 45減去 36 得到餘數 9。

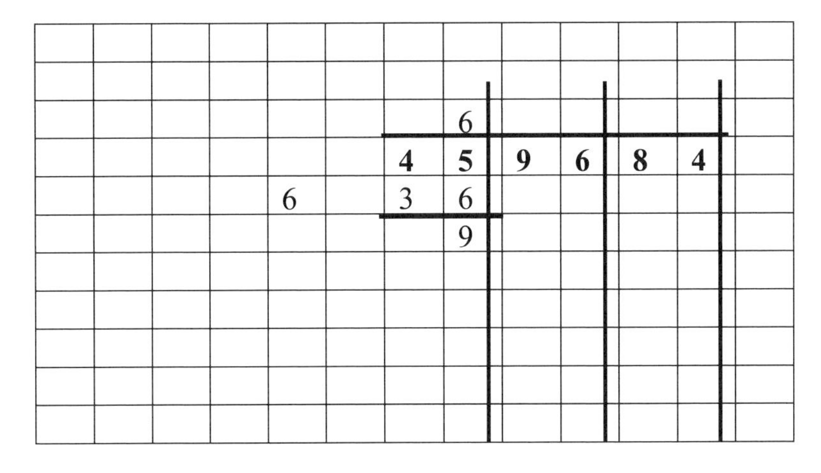

圖2.23

二、將最上方列中的6乘兩倍，得到12。將12置於由左數第3行和第4行上。將後面兩個數字，即96，下置於第六列。現在，想想看把什麼數目置於第十行的6之後，與120相加並與之相乘會小於996。是7，也就是127×7=889。將7置於最上方列的6之上方，並將889放在996下方，且將兩數相減得107。

							6		7			
						4	**5**	**9**	**6**	**8**	**4**	
				6		3	6					
							9	9	6			
		1	2	7			8	8	9			
							1	0	7			

圖2.24

三、重複此過程。現在，將最頂端列中的67乘以2，得到134。如圖，將134在第二，第三和第四行。正如你所看到的，接下來將後面兩個數字，即84放下到第八行。此時想想把什麼數目置於第十二行的四那行後，與1340相加並與之相乘會小於或等於10784。這將是8，即1348×8=10784。將10784 置於 10784 的下方並相減，得到恰好為零。

							6		7		8	
						4	**5**	**9**	**6**	**8**	**4**	
				6		3	6					
							9	9	6			
		1	2	7			8	8	9			
							1	0	7	8	4	
	1	3	4	8			1	0	7	8	4	
											0	

圖2.25

由於沒有餘數，所以我們可以斷言459684的平方根正是 678。為什麼這種方法可行，則是另外一回事了。

但是，假使我們並沒有一個具有精確平方根的整數呢？這種方法可以無止盡地進行。請一個班級去計算2的平方根到小數點後第十位數。大部分的計算機只能顯示到小數點後九位，所以要求到第十位會有點麻煩！但是，現在不會了，我們有上面的演算法囉。我真的請一群七年級生做了一次，他們都可以藉由程序來計算。

練習三十二：任何數目的平方根（特別是$\sqrt{2}$）

一、找出 2 的平方根到小數點後第十位。正如上面所述，首先將 2 置於小數點前，但此時填入 22 個零（沒錯！）在小數點之後。

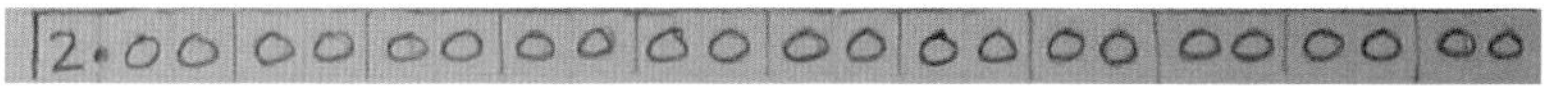

圖2.26

二、想想看哪個數目自乘後接近2，答案是 1×1 ＝ 1。因此，將 1 放 2 的上方，另一個 1 則放在 2 下方的線上，並立即將 1×1= 1 置於 2 的下方。

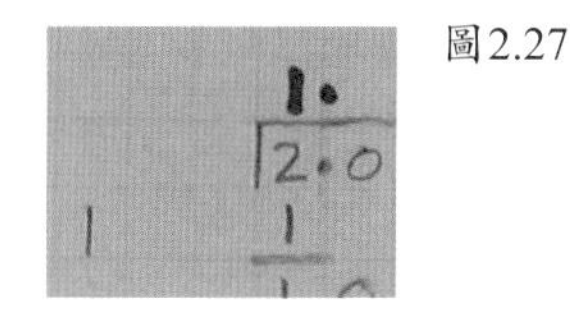

圖2.27

三、此時將2減去1。再次得到1。將兩個零放下得到100。把最頂端的1加倍再乘以10，得到20後放在左邊。從22×2 ＝ 44，23×3 ＝ 69，24×4 ＝ 96看看哪個數小於100且最接近100。只有 24 和 4 這組被 100 減後，餘數會小於 24。對於**估算**而言，這是一個不錯的練習。

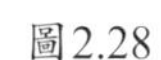

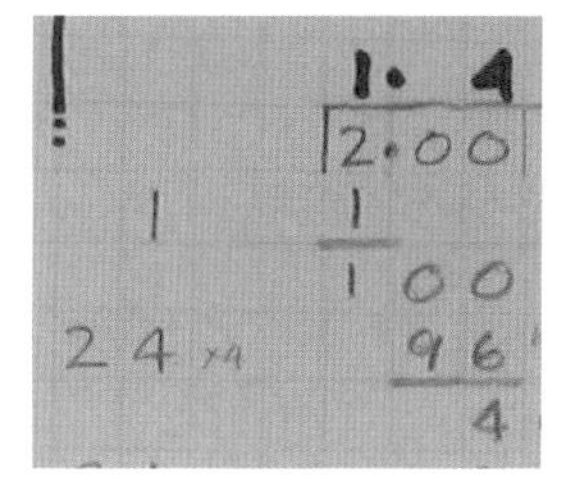

圖2.28

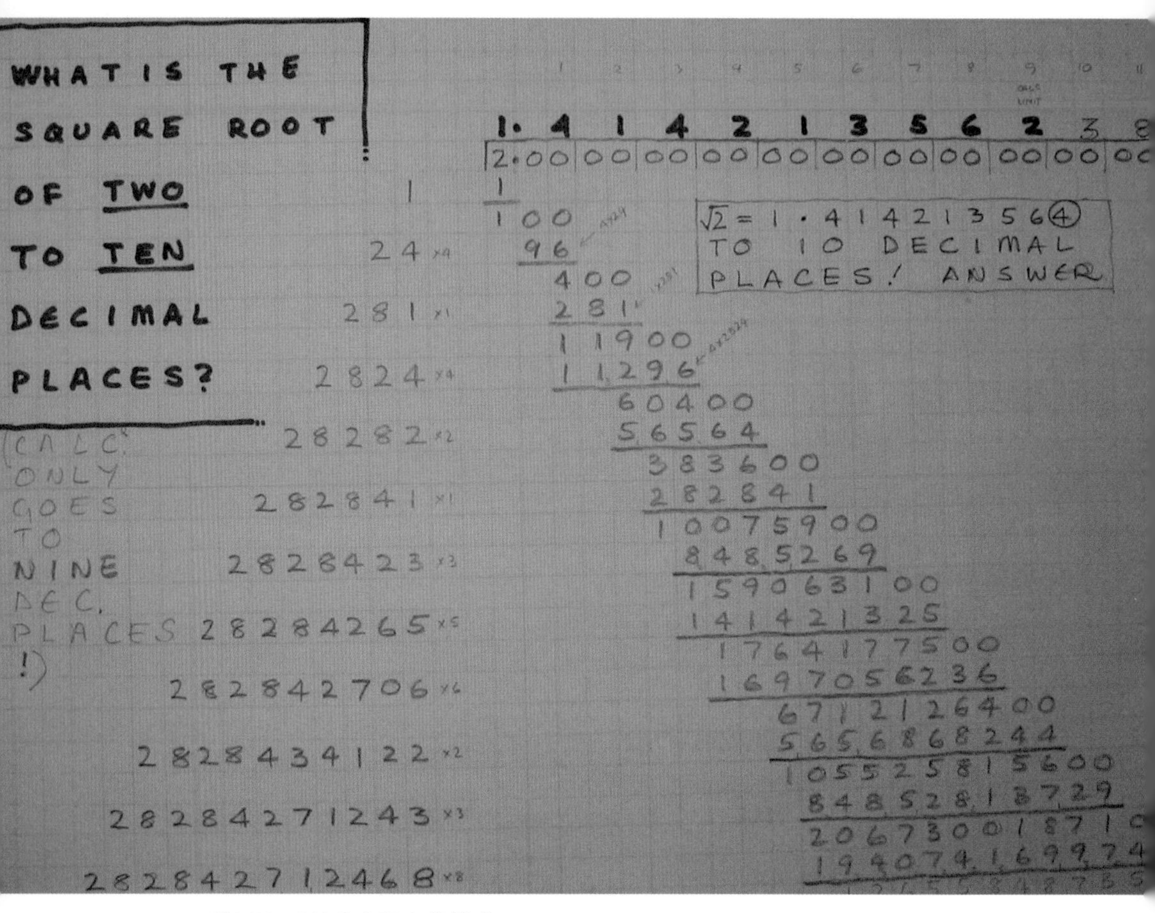

圖2.29　2的平方根之計算式

四、將100減去96，餘數是4。再一次將兩個零放下得到400。持續這整個過程。

這裡顯示多達十一位小數（為什麼十一位小數而不是十位呢？）。

對於數值精確度與涉及加法、減法、乘法及估算的計算過程，這是一個超棒的練習。雖然有計算器把關，使我們直到最後一分鐘，或者更確切地說，在所求的最後兩位小數的地方，都保持在正確的計算軌道上，這個練習仍很容易計算錯誤。

練習三十三：請找出平方根（但不要使用計算機）

一、計算1522756的精確平方根。 1234

二、計算2.618的平方根到小數點後兩位。 1.62

三、計算 3 的平方根到小數點後三位。 1.732

四、計算3的平方根到小數點後十位。（要花一個週末！）

1.732050807568 9 ......小數點後第十位四捨五入後，是

1.7320508076

五、你能找到-1的平方根嗎（可能嗎？） 不行

畢氏定理

這個定理通常敘述如下：

> 對一個直角三角形而言，其斜邊上的正方形等於另外兩邊上的正方形之和。

對於許多直角三角形，我們不需要藉助花俏的技巧，甚或計算機，就可以找到平方根。這是當我們已經知道一個數的平方是多少的時候。

一些熟悉的畢氏三數組實例如下：

3 – 4 – 5，5 – 12 – 13，7 – 24 – 25，

以及它們的倍數，如6 – 8 – 10，21 – 72 – 75。

如果某個數的平方根沒有整數解時，我們也知道如何找到好的近似值。

這一切都很美好。但是，對於數學家來說，不論如何，都想要知道事物的恆定性！這也是為什麼他們對於證明如此計較。某些特例的呈現，只能說是**演示**（demonstration），而不能說是證明。因此，我們訴諸邏輯。我們相信我們的思維。

代數式的證明是多年後才出現的，因此這裡顯示的只是一些和作圖有關的案例。

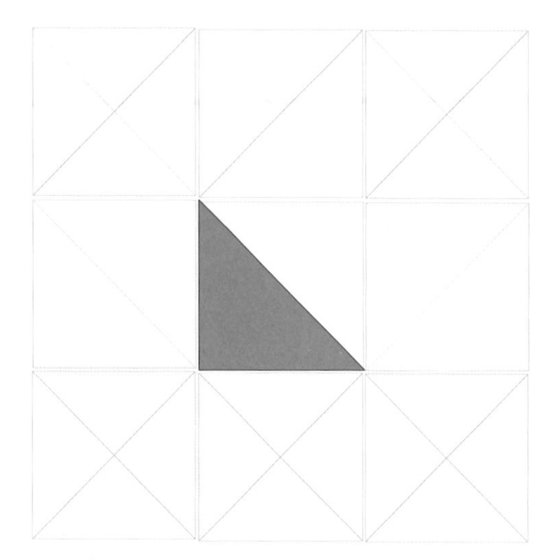

一個直角三角形……

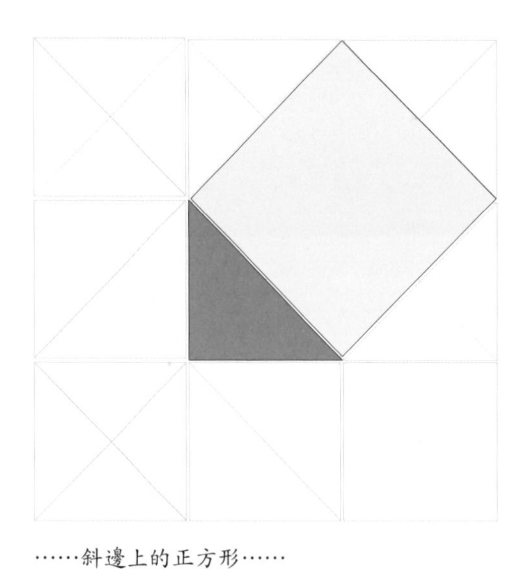

……斜邊上的正方形……

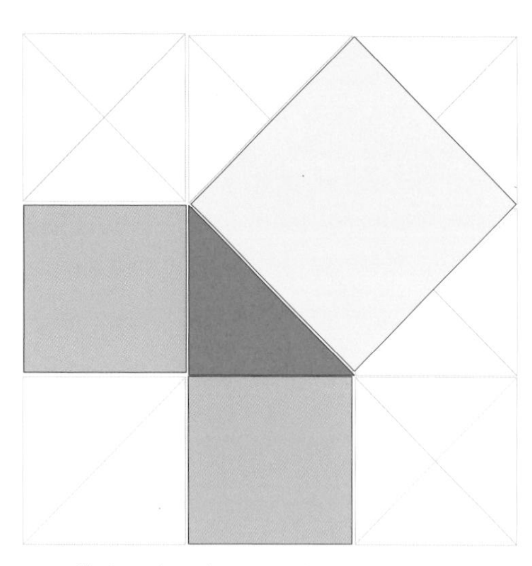

……等於另外兩邊上的正方形之和

圖2.30　利用地磚演示

演示

想想這樣的地磚……共九塊地磚，每一塊正方形地磚裡都鑲嵌著四塊等腰三角形，這就是一個良好的演示。

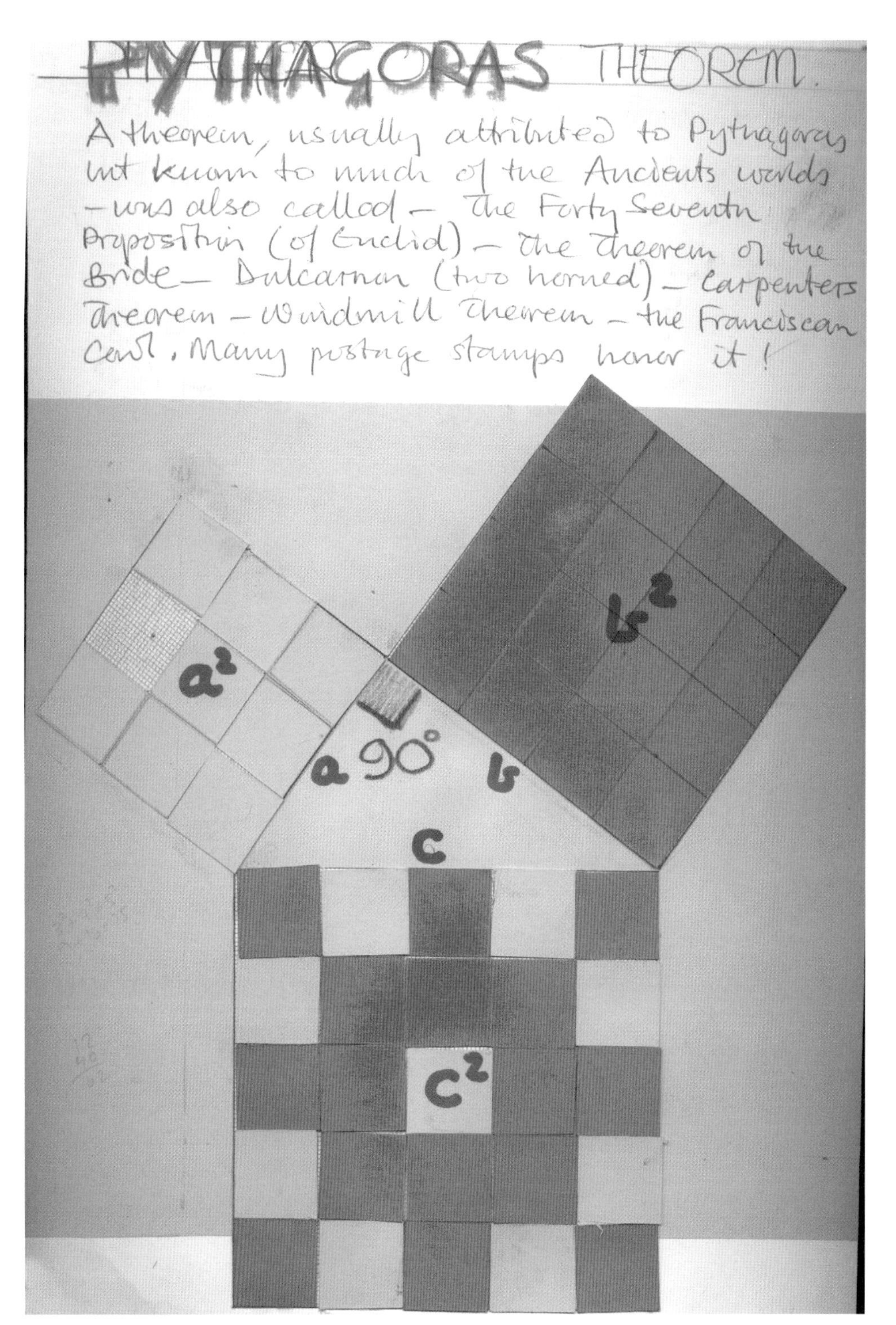

圖2.31　邊長3-4-5的直角三角形（圖說文字中譯，參見P.218）

練習三十四：畢達哥拉斯3－4－5三角形演示

一、在一張黃紙上，繪製3cm × 3cm 的正方形。

即：$3^2 = 3 \times 3 = 9$

這可以表示成一個由3單位乘以3單位構成的正方形。

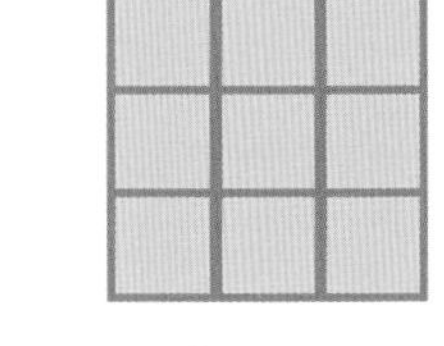

圖2.32

二、在一張藍紙上，繪製4cm × 4cm 的正方形。

即：$4^2 = 4 \times 4 = 16$

這可以表示成一個由4單位乘以4單位構成的正方形。

圖2.33

三、分別切割正方形使其成為九個單位與十六個單位的正方形。

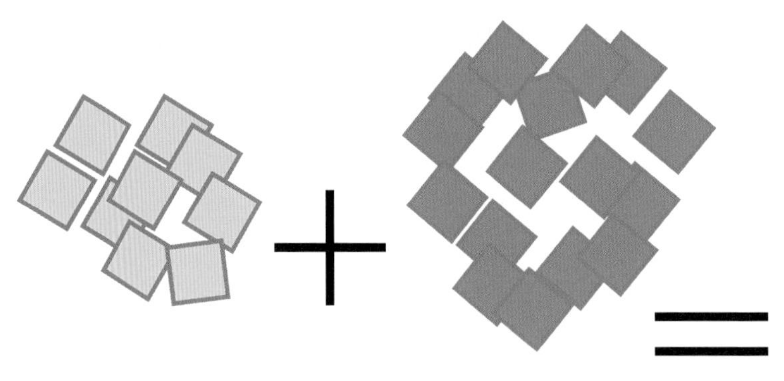

圖2.34　9+16=25

四、將這兩個正方形拆開，然後把9與16個單位的正方形重組成一個單一的長方形。我們發現其中有一個長方形，是每邊為五個單位的**正方形**，如圖 2.34 所示。

把三個正方形擺成圖2.31的樣子。則最長邊所對應的角是直角這件事就出現了。就如字面上所言，**一個直角三角形兩股上的正方形之和，等於斜邊上的正方形**。

就功用上來說，斜邊是指最長的邊，再從字面上來看，它是從希臘文「延伸」而來。其他兩邊則被稱為「股」，或簡稱「邊」。

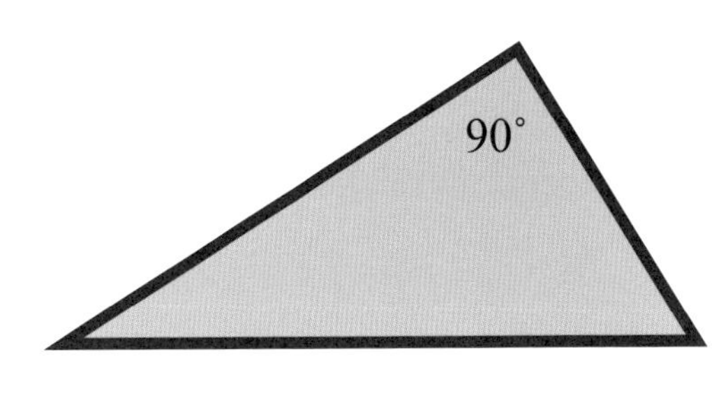

圖2.35　斜邊

亞力山大・伯哥穆尼（Alexander Bogomolny）建置了一個不錯的網站（www.cut-the-knot.com/pythagoras/），列了五十四個有關這個定理的證明。作者還提到一本由二十世紀早期的羅密士（Elisha Scott Loomis）教授所著的書，裡面有367個畢氏定理的證明！

婆什迦羅的證明

大多數的定理都有代數的成分，因此，可能對七年級生有些困難。其中一個漂亮的證明，是由婆什迦羅在大約西元1150年所給出的。見圖 2.37。

練習三十五：婆什迦羅的畢氏定理證明

一、找四個大小完全一樣的直角三角形。

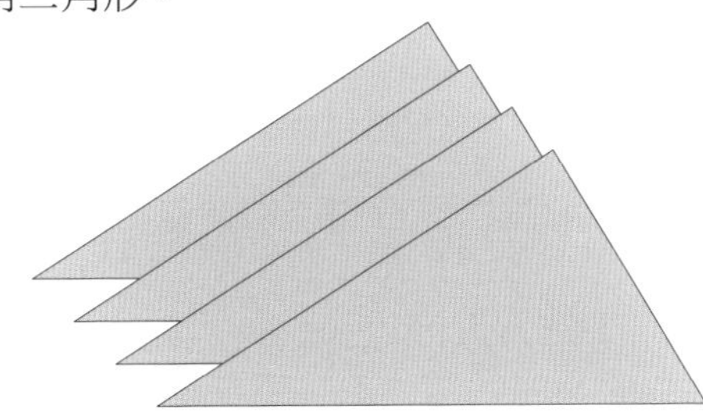

圖2.36

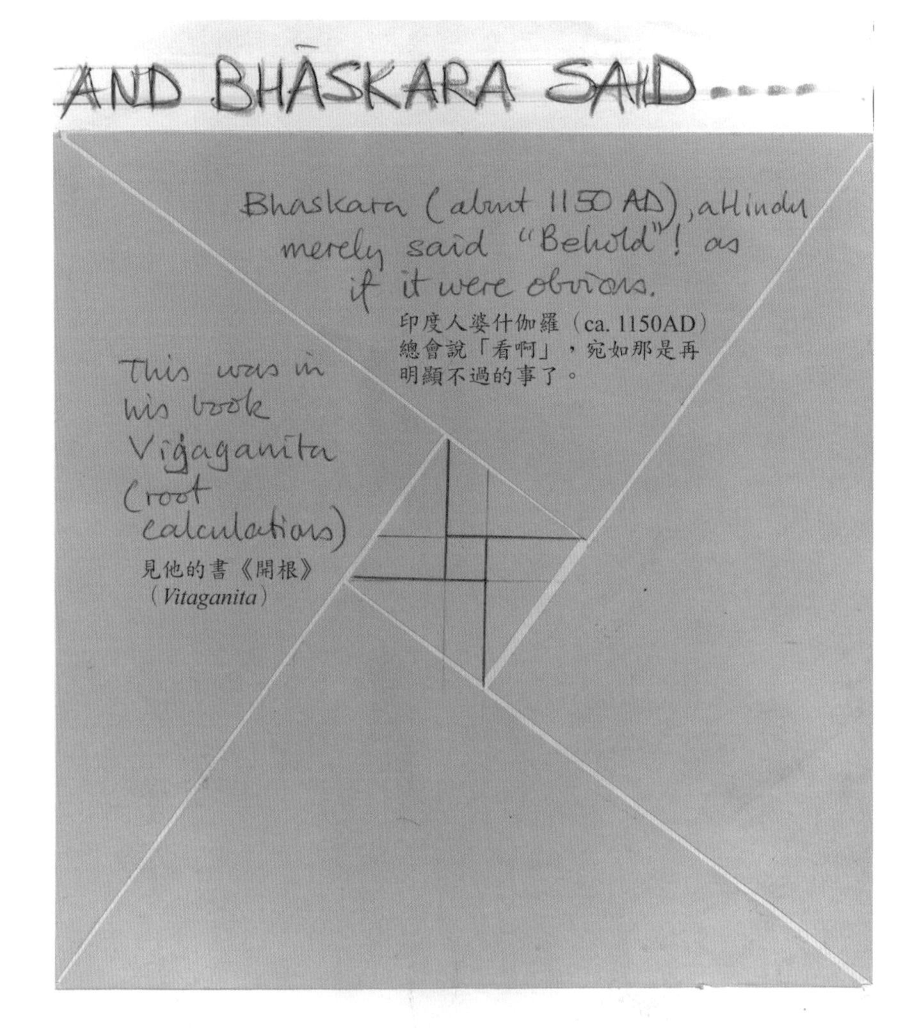

圖2.37　……然後，婆什迦羅說：「看啊！」

二、現在將這些直角三角形重新排列成**正方形**，其中有個正方形的邊是由原本直角三角形中兩個較短且不同的底邊所組成。如此中央會有一個缺洞。

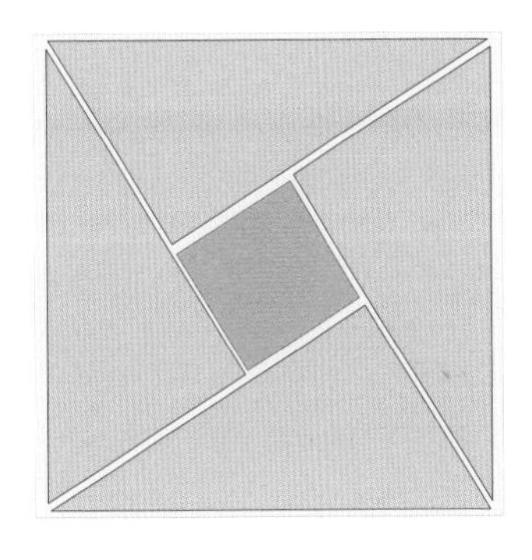
圖2.38

三、標示直角三角形的三邊為 a、b、c。

四、令小正方形的邊長為 d。

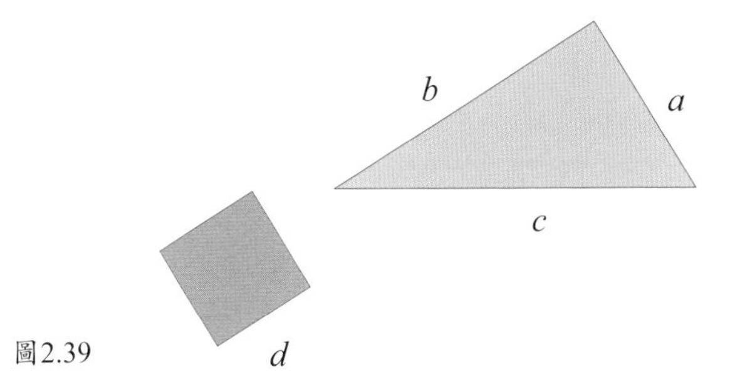

圖2.39

五、我們注意到這些直角三角形與小正方形的面積之和為：

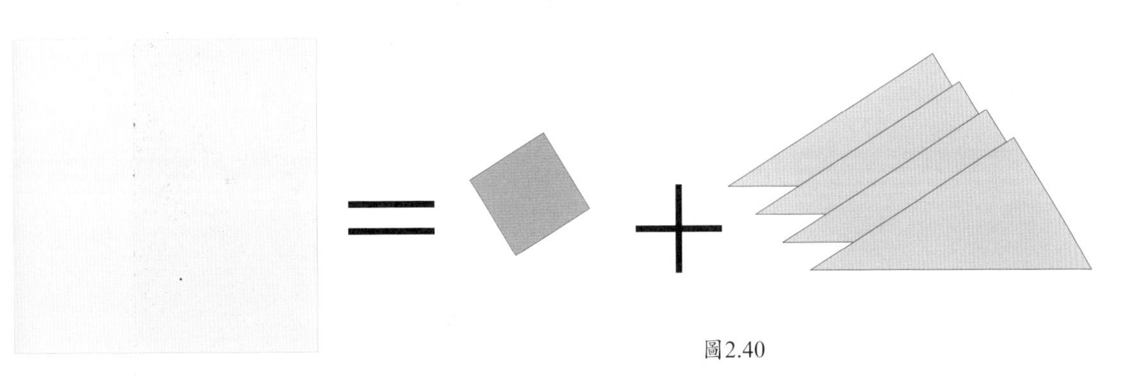
圖2.40

六、又 $d = b - a$（仔細觀察上面第二步的圖）。所以，$d^2 = (b - a)^2$。

另外，我們注意到，一個藍色三角形的面積為 $\frac{a \times b}{2}$ 。

將上面過程以符號形式書寫，可以表示為：

$$c \times c = d \times d + 4 \times \frac{(a \times b)}{2}$$

或 $c^2 = d^2 + 2ab$

因此，$c^2 = (b - a)^2 + 2ab$

現在，將右式乘開，我們得到：

$c^2 = b(b - a) + a(b - a) + 2ab$

$c^2 = b^2 - ab - ab + a^2 + 2ab$

$c^2 = b^2 - 2ab + a^2 + 2ab$

$c^2 = b^2 + a^2$

得證（QED）——也就是**證明完畢**（quod erat demonstrandum），或是已足夠說明了！

故得： $a^2 + b^2 = c^2$

正如這個公式通常表示的樣子！底下是近年來一些學生的作品。

圖2.41

PYTHAGORUS THEOREM · 畢氏定理
A Right Angle Scalene Triangle 不等邊直角三角形

圖 2.42

圖2.43

One theory is that Pythagoras discovered his famous theorem on his way to the bath,...

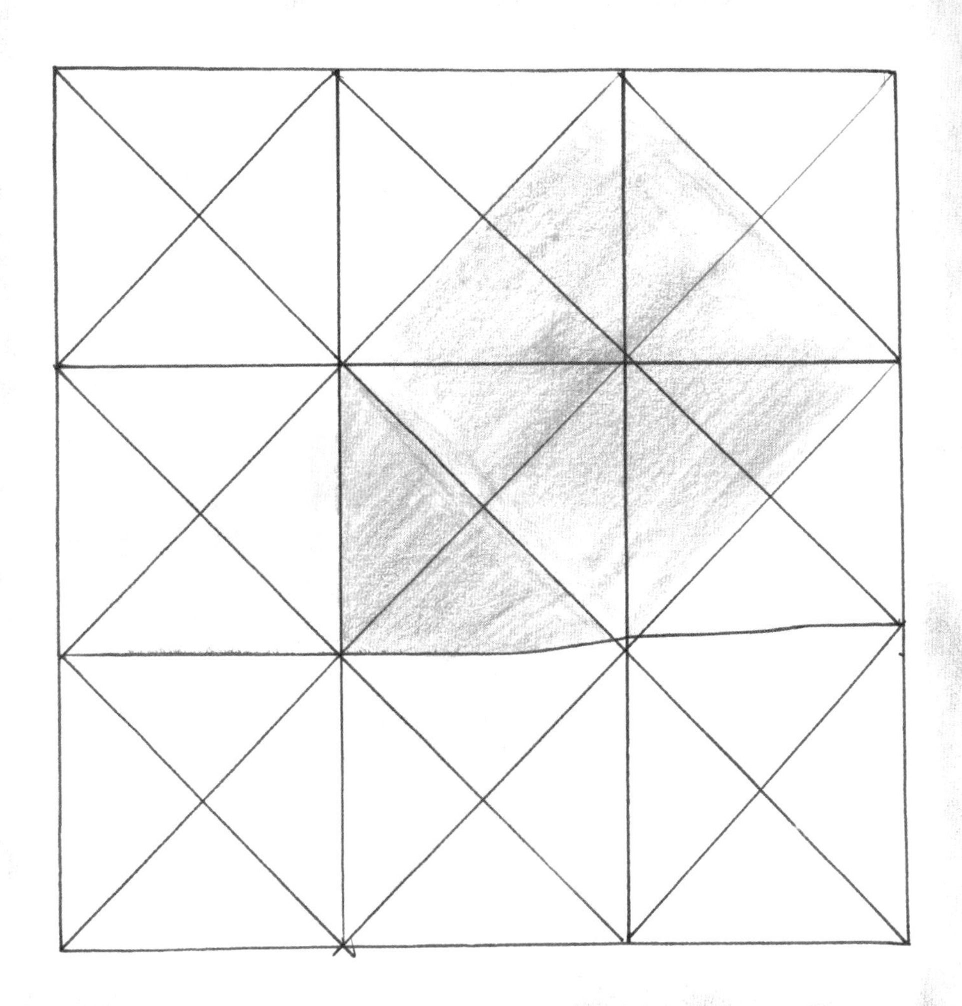

畢達哥拉斯在家裡浴室看到地板瓷磚而發現的定理

...He saw the solution in the floor tiles of the bath house.

圖 2.44

第三章　柏拉圖立體

八年級（13到14歲）是學生從平面圖像進展到空間立體的階段。數年來，他們可望利用黏土、泥巴、橡皮或蜂蠟等材料，以及從製作各式各樣的立體模型中，來模式化形式（modelling form）。如今，這個活動按其最佳意義來說，可以被賦予一種抽象的轉換，其中形式本身被視為具有潛藏的真理，不僅是物理表象。

現在，這些形式可以轉換成易於計算，而且是精確的與相互的關係式的一種表現。在學生過去操作這些形式的經驗中，這些關係式並非那麼顯然易見。現在則需要準確的計算與細膩的繪圖，以帶出令人滿意的形式。對此學生多已能駕輕就熟，他們的模型與繪製作品，經常是如此獨一無二。

圖3.1　正十二面體（Christel Post製作的玻璃模型）

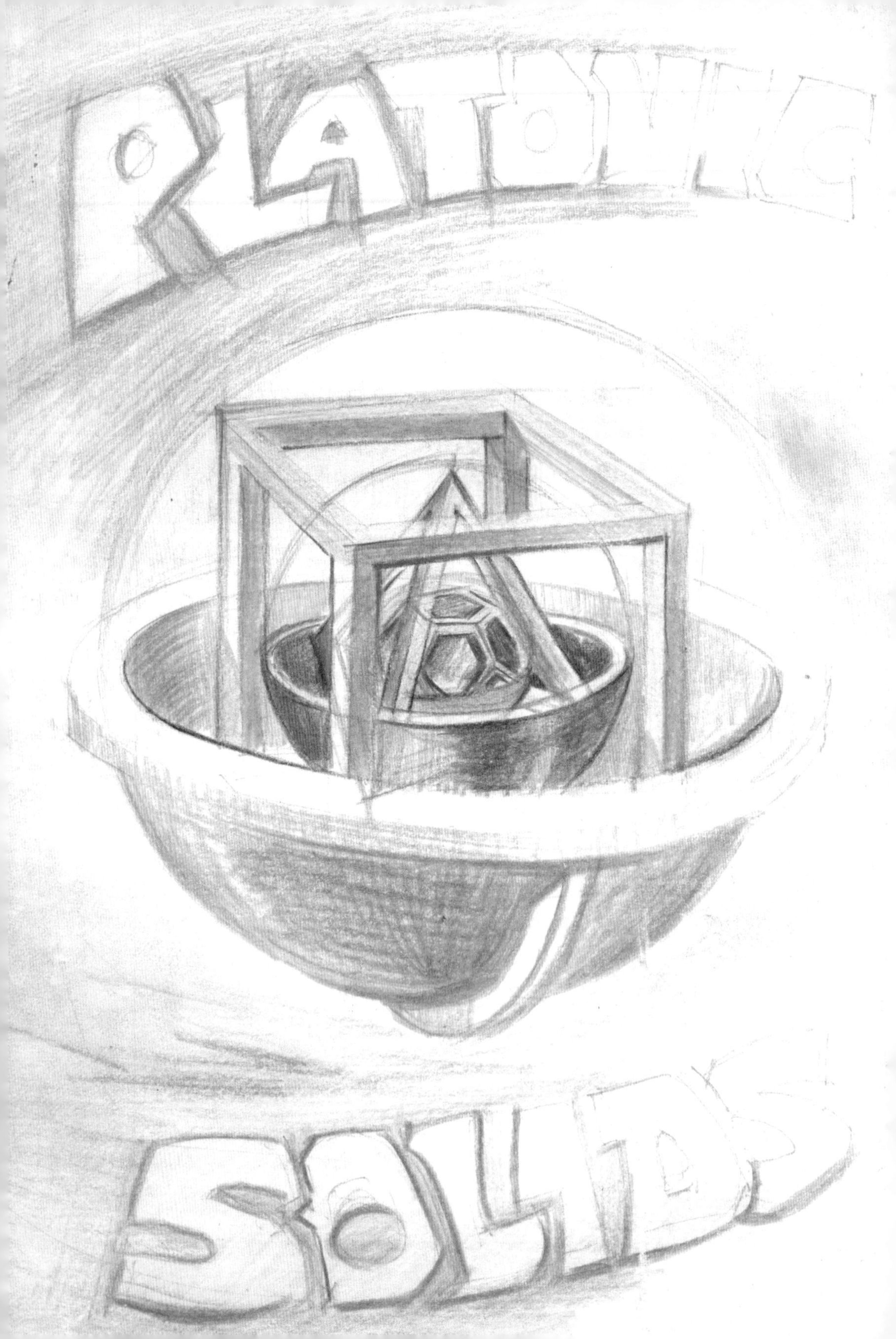
PLATONIC
SOLIDS

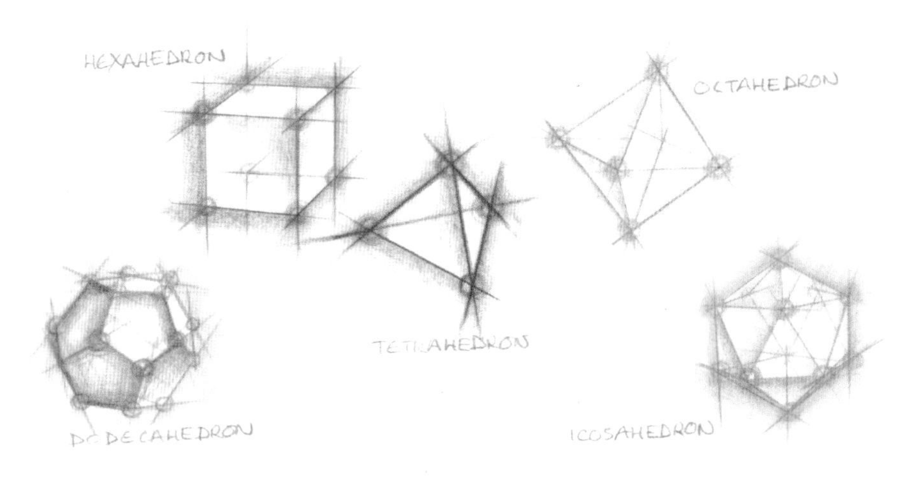

圖3.3　五種柏拉圖立體

在這主要課程中，學生們探索**形式**，是可以轉換及互相關聯的最簡單、最規則的形式，而且也出現在我們的空間中。這些形式甚至可以在大自然中被看到——但我們必須**去看**。大自然不會輕易揭露它的祕密，即使是最基本的結構。我們必須做些功課，才能看到這種「被揭露的祕密」。

柏拉圖立體

左頁封面圖仿自克卜勒在《宇宙奧祕》（*Cosmographicum*）書中所表達的著名想法，其概念是將所有的行星排列在巨大的球面上，太陽位在共同的球心上，整個「太陽系」即依照五種柏拉圖立體定位。例如，對應在土星和木星之間的球面是正立方體（正六面體）；在木星和火星之間則是正四面體等等。由於當時尚未發現其他行星，因此該模型的最外層行星只到土星。對八年級的學生而言，要製作這些邊長迴異的正多面體，或至少其中某些部分，挑戰不可謂不大。

然而，圖 3.3 所示的五種柏拉圖立體究竟什麼？為什麼這些立體會是八年級學生的重要課題？這兩個問題將在本書適當的單元中逐一介紹。

◄圖3.2　標題頁示範

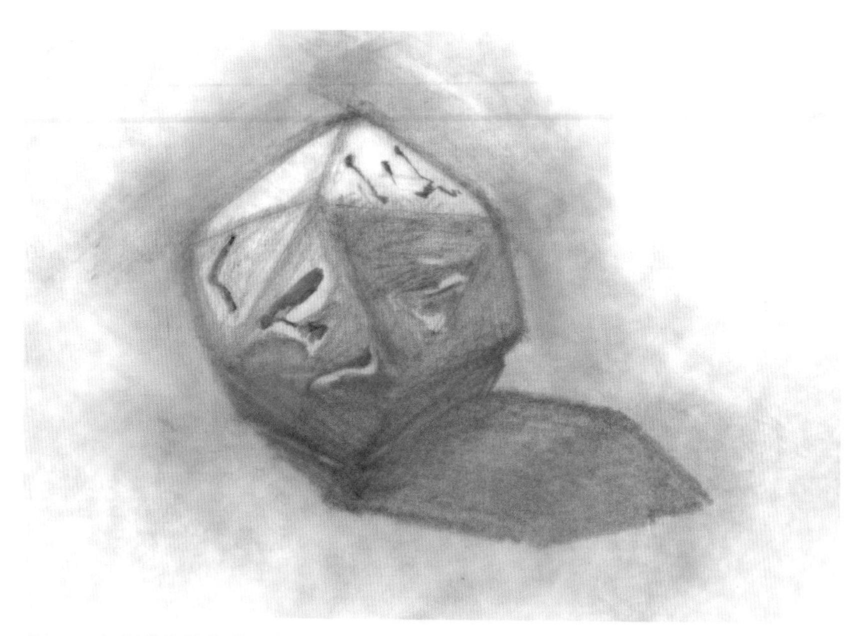

圖3.4　大英博物館館藏的古埃及二十面體骰子。（取自Critchlow, *Time Stands Still*, 145）

歷史上的柏拉圖立體

過去的文化看待這五種正多面體的各種方式、理由，以及其呈現手法不一而足。在埃及，曾出土二十面體骰子（Critchlow, *Time Stands Still*, 145）。

在蘇格蘭東北，則發現許多球狀的小石頭，上面的主要刻紋可清楚指出這五種立體，雖然不全然侷限於此，但數量已多達五百多個。考古學家雖已估測這些石球約誕生於西元前 2500 年，也就是 4500 年前，但究竟是何人？何時？又是**為何**而刻？我們總想要一個說法，不是嗎？

早在柏拉圖之前，尼安德塔原始人大量刻製這些石球，到底是作何用途？其造型並非我們今日所熟悉的正多面體，圖 3.5 所見即為其中兩種「球型正方體（或球型六面體）」，透過大小適中的圓環，可清楚傳達石球上刻劃的正方體結構。

圖3.6　引言頁（圖說文字中譯，參見P.219）➤

圖 3.5a 與圖 3.5b　蘇格蘭石球上的「球型正方體」

柏拉圖在其著作《蒂邁歐篇》（*Timaeus*）中介紹五種正多面體，並分別連結到當時所認知的五種元素：土、水、氣、火和乙太。

PLATONIC SOLIDS: INTRODUCTION

Mother nature demonstrates the greatest variety of crystalline, facetted forms. Many tiny plant animals and virus forms have been found to be regular geometric constructions. If we wish to study these we need to discover some of the laws of Space and Geometry of Solids.

We can start with the simplest possible regular shapes in space. There are five of these and they have been named the PLATONIC SOLIDS since Plato was one of the first to describe them.

Early Egypt was aware of them — there have been found ICOSAHEDRAL dice — and they were later fully described in the 13th Book of Euclid. Even in Neolithic Scotland, small granite forms have been discovered with represent these five solids within the sphere. Their use is a mystery.

All of the forms (except one) can be made from TESSELLATIONS of the plane. One of the forms is the CUBE (or HEXAHEDRON) and this is constructed from a net of squares drawn from a tiled or tessellated plane of squares. We introduce the CUBE with a model made by folding in a special way, a net of squares.

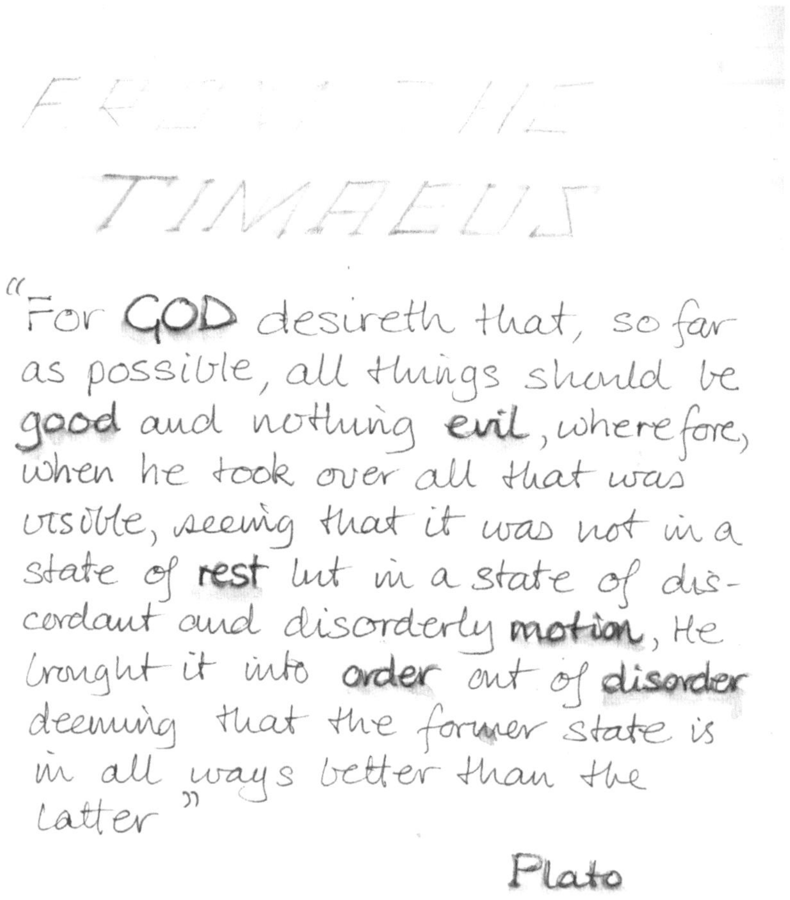

FROM THE
TIMAEUS

"For GOD desireth that, so far as possible, all things should be good and nothing evil, wherefore, when he took over all that was visible, seeing that it was not in a state of rest but in a state of discordant and disorderly motion, He brought it into order out of disorder deeming that the former state is in all ways better than the latter"

Plato

圖3.7 柏拉圖《蒂邁歐篇》之〈神所願〉（on what 'God Desireth'）
（圖說文字中譯，參見P.219）

不知柏拉圖所指的空間是否就是宇宙？若真如此，柏拉圖可真有先見之明，因為2003年刊登在《自然》（*Nature*）科學期刊的一篇文章暗喻說：就某些觀點來看，宇宙即是正十二面體結構（Nature, 2003, Oct 9, 425, 593-95）。

此一概念源自於：倘若宇宙是平坦的，為什麼背景輻射波不具有它應有的最寬的波，而許多科學家相信，這種輻射波至今一直都在擴張。因此，宇宙如果不是平坦的，就必然是有形體的！有作者舉出數學家龐加萊（Poincaré）的**十二面體**的空間概念。宇宙真的會是十二面體的結構嗎？

平面圖形

在平面上，利用鉛筆、圓規和直尺來計算，並精確作出正三角形、正方形和正五邊形，是相當簡單的任務。首先，只要將圓分別三等分、四等分、五等分即得。為什麼在作正多邊形的作圖時，這三個數如此顯而易見呢？

因為如果將圓除以「一」，則 360°/1= 360°，那是所謂的「無意義」，我們顯然無法得出一個「一」邊形。360°/ 2 = 180°，僅僅只有兩個邊，亦無法構成一個封閉的形式。直到 360°/ 3 = 120°，如果先在圓心畫出夾角 120° 的射線與圓周相交，然後連接三個交點，即可得正或等邊三角形。

圖3.8　等分圓（圖說文字中譯，參見P.219）

BASIC TRIANGLES

The series of natural or cardinal numbers..
1 2 3 4 5 6 7 8 9 10 11 12 13.......
goes on forever, an infinite series.
A start is made, very simply, from three consecutive numbers in this series.
1 2 3 4 5 6 7 8
We select 3, 4 and 5 as divisors of 360° of the circle.

ANGLES

The sizes of the angles which result from this division are; in the ratios

$$\frac{360°}{3} : \frac{360°}{4} : \frac{360°}{5}$$

for example, simplified, that is...

120° : 90° : 72°

Pictorially these are:

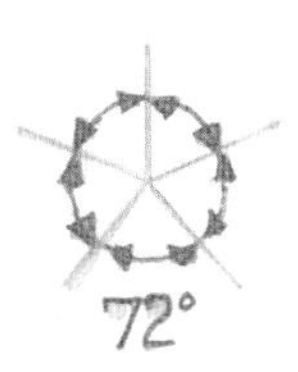

仿此步驟，利用夾角 360°/4 = 90° 的射線可得正方形；利用夾角 360°/5 = 72° 的射線可得**正五邊形**。

三種特殊的直角三角形

若再進一步分析，則會出現三種特殊的直角三角形，將在後文中陸續介紹。圖3.9顯示這三種直角三角形的作圖方法，在介紹給同學認識之前，務必要先熟練第三個三角形的作圖。

練習一：畫出三種直角三角形

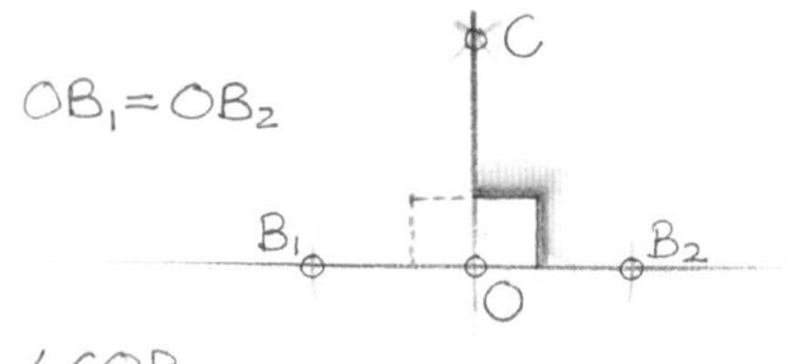

FOUR DIVISION TRIANGLE

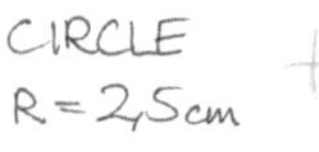

∠DOE
= 90°

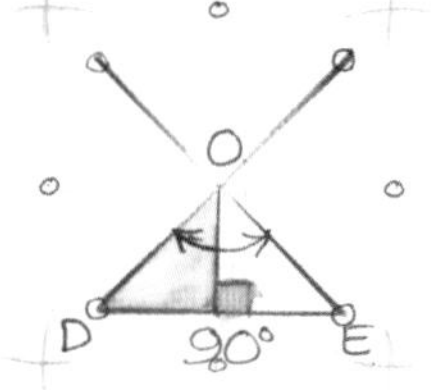

THREE DIVISION TRIANGLE

CIRCLE R=2,5cm

∠BOC = 120°

A
O
B
120°
C

FIVE DIVISION TRIANGLE

CIRCLE R=2,5cm

∠FOG
= 72°

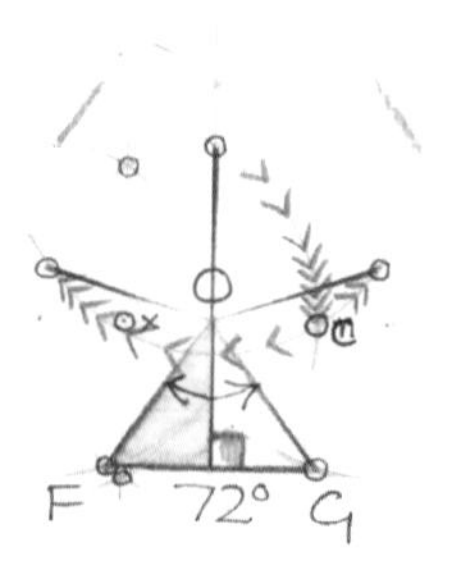

圖3.9 畫出直角以及從圓心作出 120°、90°和72° 的三個直角三角形

練習二：畫出三種正多邊形

畫出圓內接正三角形、正方形和正五邊形（如圖 3.10）。

在此，我們亦可在圖中見到這三種直角三角形。

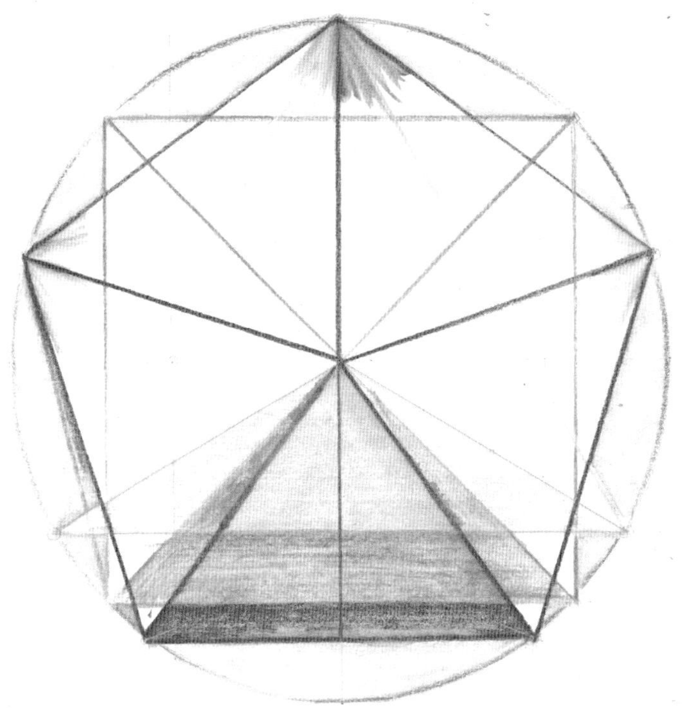

圖3.10　圓內接正多邊形（圖說文字中譯，參見P.219）

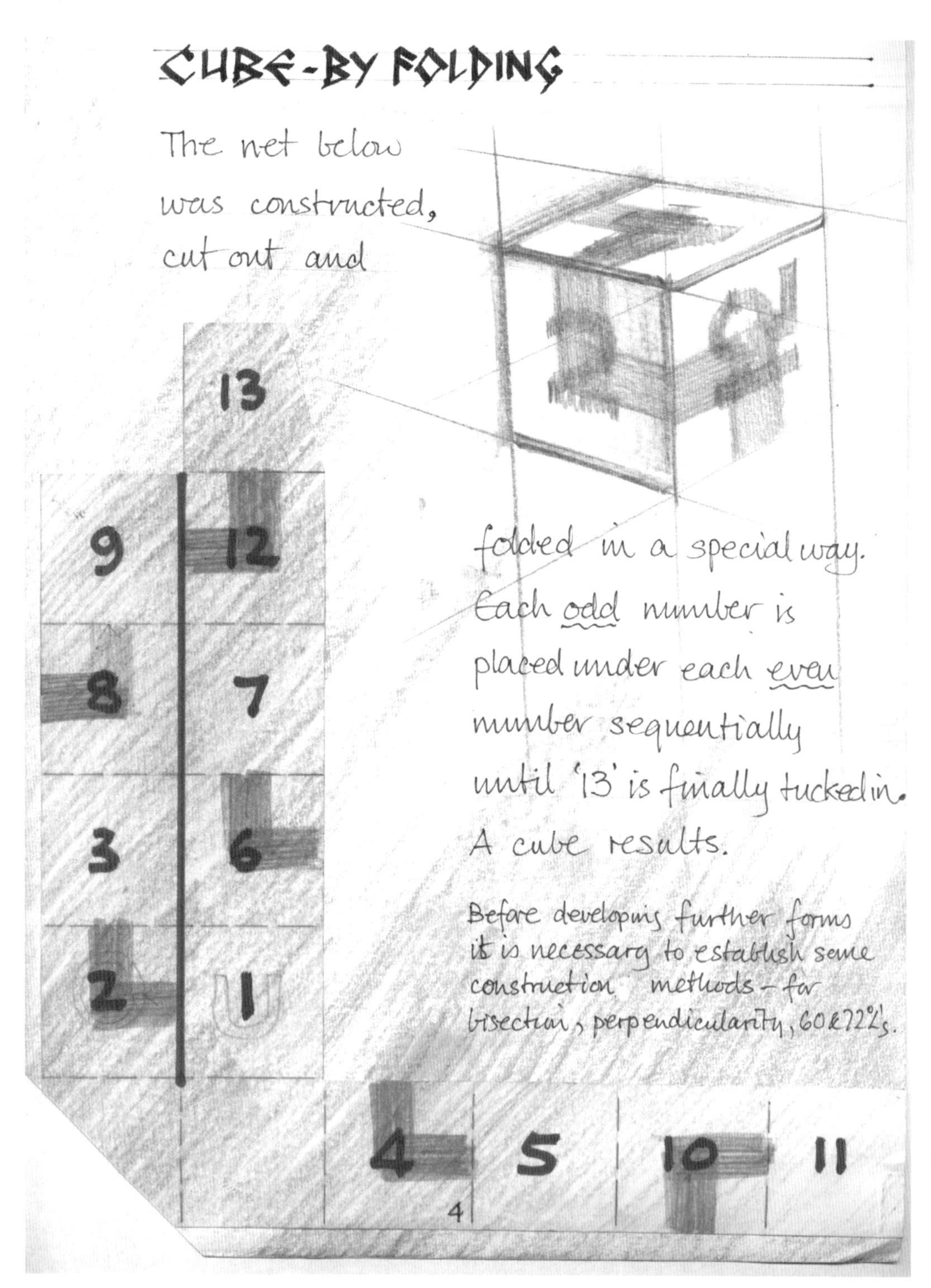

圖3.11　正立方體摺紙（圖說文字中譯，參見P.219）

正立方體摺紙

截至目前為止，所有的動作都在平面上打轉，正立方體摺紙將會是第一個有趣的模型練習。這個摺法出自肯地（Cundy）和羅列特（Rollett）編撰的《數學模型》（*Mathematical Models*, 1981），該書涵蓋其他多樣的摺紙結構，是這類幾何摺紙書中的優良參考。

練習三：造正立方體就是一摺再摺

學生可以設計種種方式來呈現這個正立方體摺紙。由於所需的十五個正方形都要**全等**，故此練習也有助於提升操作的精準度。

學生可以隨意製作不同尺寸的正立方體，但若要營造合作學習的氛圍，讓每位學生都能貢獻心力，最好先商定相同的邊長（比方說5cm），最後再將全班的作品如同磚塊般，堆疊出城牆或其他令人滿意的集體創作。

三種三角形的細節

在圖3.12中，如果我們知道**任意平面三角形之內角和總是180°**，便可輕易算得這三種三角形的內角角度。

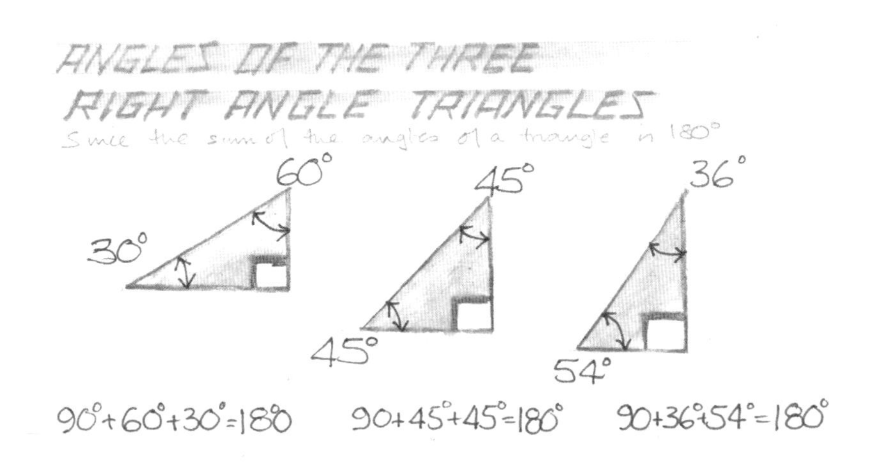

圖3.12　三種三角形的內角

練習四：計算三角形的內角

試求下列三角形的未知角：

(a) 當三角形已有內角 90° 和 24°，則第三個角為何？ 66°

(b) 給定三角形兩個角分別為 35.5° 與 64.5°，求最後一個角。 80°

(c) 若三角形有兩角皆為63°，則第三個角為何？ 54°

(d) 鈍角ABC已有內角 12°45’ 和 3°56’，則最大角為何？概略依照這個比例尺寸畫出三角形。 163°19’

(e) 在AB邊上，已知 $\angle CAB = 100°$且 $\angle DBA = 110°$，能否以這些資訊造出一個三角形？

可以，延伸CA和 DB 交於 E點，則 $\triangle ABE$即為所求。

練習五：畢達哥拉斯定理

《數學就在你身邊》（*Mathematics Around Us*）一書曾探索畢氏定理。若以符號簡單表示，此定理如下式：

$$a^2 + b^2 = c^2$$

其中，c 是與直角相對的最長邊或斜邊，a 和 b 則是另外兩邊。柏拉圖立體和其他多面體的邊長、角度、表面積與體積，皆需利用此關係式推算。

試利用畢氏定理，計算下列直角三角形的邊長（畫出三角形會很有幫助）。

(a) 當三角形的一邊是3單位，另一邊是4單位，且直角居中為夾角，求其斜邊。 5單位

(b) 若直角三角形的最長邊（斜邊）是2cm，而最短邊是1cm，計算第三邊到小數點第三位（可求助於小組討論）。 1.732cm

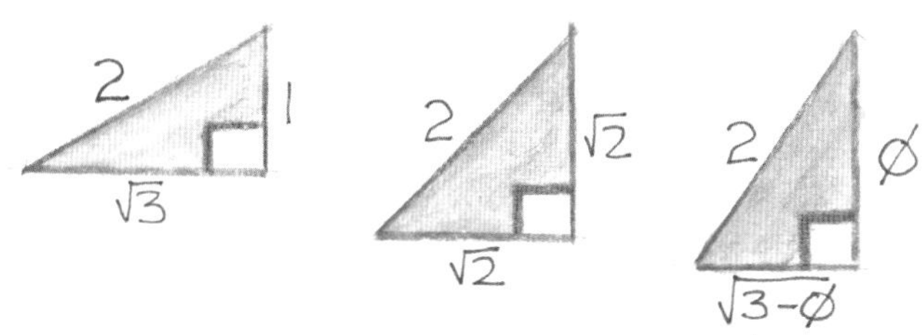

(NOTE: $\sqrt{3}=1.732\ldots$; $\sqrt{2}=1.414\ldots$; $\phi=1.618\ldots$)

BY PYTHAGORAS THEOREM; "In a rightangle triangle, the square on the hypotenuse is equal to the sum of the squares on the other two sides."

that is:

$2^2=(\sqrt{3})^2+(1)^2$　　$2^2=(\sqrt{2})^2+(\sqrt{2})^2$　　$2^2=\phi^2+(\sqrt{3-\phi})^2$

$\therefore 4=3+1$　　$4=2+2$　　$4=\phi^2+3-\phi$

($\phi=\frac{1+\sqrt{5}}{2}=1.618\ldots$ and is known as the GOLDEN MEAN.)

圖3.13　特殊三角形的邊長（圖說文字中譯，參見P.219）

(c) 90°夾角之一邊是13.33單位，另一邊是其3倍，則最長邊為何？（給出最接近的整數答案）　42單位

(d) 一隻螞蟻高4mm，牠在地面上的影子有13.5mm。從螞蟻的頭頂到影子的頂端有多長？（精確到mm，在地球上，誰會想知道這個答案呢？）　14.1mm

(e) 三邊分別是5公里、13公里、12公里的三角形是直角三角形嗎？如果是，請給出證明。

$5^2+12^2=25+144=169=13^2$ 證明完畢

BOWLS AND SADDLES

BOWL FORM

What occurs when we "vary the extension of the perimeter with respect to the centre of a plane form?".

If a flat disc of some plastic material is worked with on the **INSIDE** so that it is thinned, then gradually a **BOWL** form developes.

SADDLE FORM

On the other hand, if a similar flat disc of material is worked with on the **OUTSIDE** then gradually a buckling takes place, the edges crinkle causing a **SADDLE** form to develop.

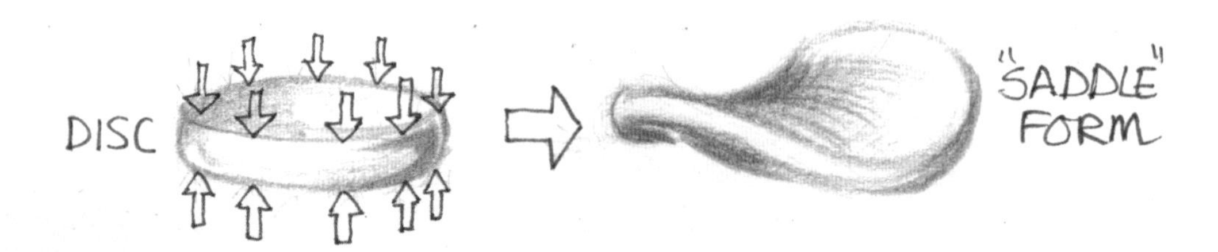

碗和馬鞍

本節將以另一種相當不同的面向檢視平面形式。這是我二十幾年前參考了利斯布立基（Cedric Lethbridge）的研究，所發展出來的成果。之後將介紹各種簡單多變的平面形式，但這些平面或表面形式要如何一起運作呢？這個問題看似奇特，卻引出一條路徑。

如果我們想像要將一個均勻的材料壓製成厚度適中的圓盤，那麼在圓盤的中心加工或是在外圍加工，結果將會如何呢？

如果要將圓盤中央的塑料壓薄，結果會變成一個**碗**，如圖3.14。

如果在**邊緣**操作，便會出現馬鞍形（如圖3.14下方）。不難看出，如果材質**不是**塑料，且再加上某些條件限制，結果就只會出現某些特定的形體。想像我們就只有能在轉折點或直線處彎折的堅硬材質。

利斯布立基發現這樣的結果就是柏拉圖立體。如果特定數量的正多邊形（正三角形、正方形、正五邊形）匯集在一起，便形成特定的柏拉圖立體。

想像正六邊形是由六個正三角形所組成，當移去兩個正三角形時，剩下的四個可以包摺形成正八面體的一部分；當刪除三個正三角形時，剩下的三個可以包摺成一個三角錐，此即正四面體的一部分；若只移除一個正三角形，則剩下五個可以組成二十面體的一角。

有趣的是，當正三角形**增加**到六個，便不再保持平坦，也不能凸摺碗狀。

◀圖3.14　碗和馬鞍（圖說文字中譯，參見P.219）

PLANAR TRIANGLES

Similar events occur when a hexagon of six **EQUILATERAL** triangles has it's perimeter added to,– or reduced, by a particular number of triangles.

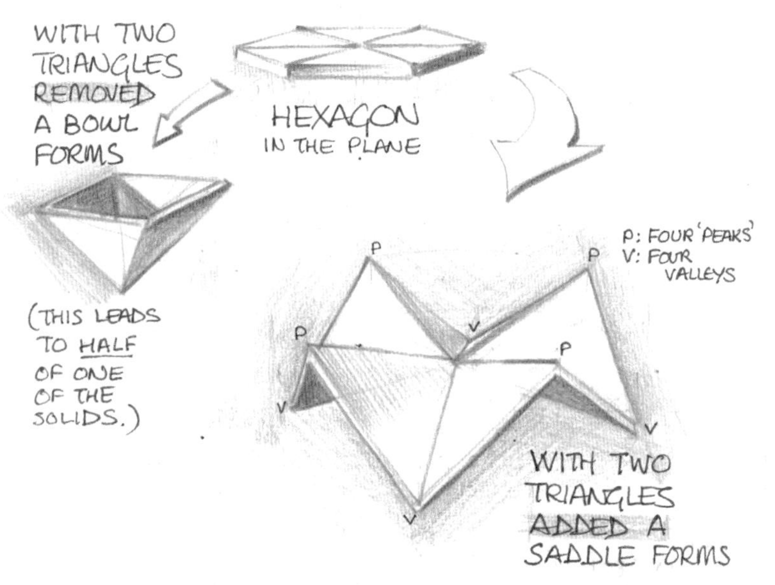

The **PLATONIC SOLIDS** can be thought of as the 'bowl' forms developed from the **REGULAR** shapes (equilateral triangle, square and pentagon) when these are brought together so that all edges meet adjacent edges of similar shapes. For example, four equilateral triangles can form a regular **TETRAHEDRON**, one of the Platonic Solids.

圖3.15　規則形狀構成的「碗」（圖說文字中譯，參見P.219）

若要保留規則的射線對稱性（radial　symmetry），便須增加三角形的數量，圖3.15顯示增加兩個三角形之後的凹凸形體。要安插更多的面進入已是平面的結構時，便會發生這種屈曲的現象。

圖3.16　澳洲當地山龍眼葉的皺褶

葉面及其孔洞和皺褶

我對於形態學的研究（形式之研究）指出，植物的葉片是最明顯也最常見的曲面狀物件（surface-like entities）。葉面通常都相當平整，但是當有更多的材料試圖融入葉面扁平的結構時，便會造成屈曲。葉緣有環帶、波紋、皺褶，甚至是鏤空或孔洞的葉片隨處可見，圖3.16至圖3.18可見一些皺褶、孔洞和內部屈曲的真實葉片。

圖3.17（左）　天南星科植物上的葉孔
圖3.18（右）　無果西番蓮葉面的波紋

在許多植物的葉片上，皆可發現相當一致的屈曲或波紋，只有少數葉面未被填滿——留下縫隙或孔洞。

而在眾多礦物的結晶中，則見平面包覆成封閉的結構，兩面相交成稜邊，三面相交或稜邊相交成角或頂點。如此包摺而成的晶體，並無屈曲或孔洞，事實上，所有的柏拉圖立體皆如此。

中心點與外圍

就像柏拉圖立體一樣，規則多面體上包覆的點、線及面，圍繞著一個中心點（重心）。

這是否意味著其對偶的**多變外圍**（periphery of levity）？這幾年來，我們已經實際使用過這個遙遠的平面（distant plane）。它早已被視為與我們的規則的形式，如柏拉圖立體，有關的一種絕對平面（absolute plane），它是一種幾何的必然性。當我們試圖畫出，比方說「類方體」（cuboid，這是我用來指涉一個幾何上一致的類立方體的形式結構的術語，見圖3.19）的變換，以及我們必須使用一個**外在**平面（*external plane*）*ABC* 來作圖，且必定有一個**內點**（*internal point*）出現，則它就變得相當清楚。

我們發現這類礦物般的形式，總是關連到一個幾何**中心**點及其**外圍**平面。

圖3.19　平面 *ABC* 和內點（inner point）之間的類方體

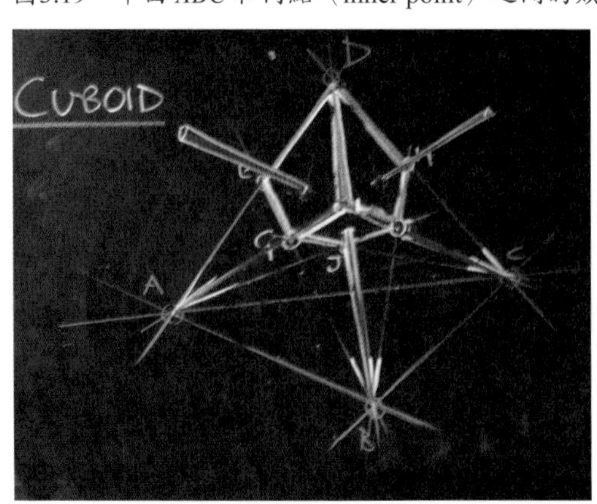

四面體

緊接著，回到空間中最基本的立體，它不是球面，而是源自**最少**數量的點、線及面——它們可以圍成或排除一個體積。這就是眾所周知的**四面體**。

圖3.20　四面體

幾乎不可能有更重要卻又如此簡單的結構。它有四個點、六條線和四個面。若少於這些數量，即無法圍出一個封閉的立體。四面體藏有許多未解之謎（參見Lawrence Edwards的著作），但此處只著眼於它最容易建構面向的最規則結構。

這是一個立體，它的所有面都是等邊三角形。利用平面展開圖，我們可以作出這個圖形。這給出一個清楚簡潔的模型。不過，我們也可以強調其頂點面向（將四顆網球或四顆足球堆疊在一起），或是其稜邊骨架面向。用枝桿、吸管、榫木等簡易搭接完成其模型。真的，其中一面向不會比另一面向來得重要。全部都是「真實的」、固有的，且是整體不可分割的一部分。

練習六：造正四面體

一、先在卡紙上畫一條水平直線，取 A、B 兩點相距 5cm。

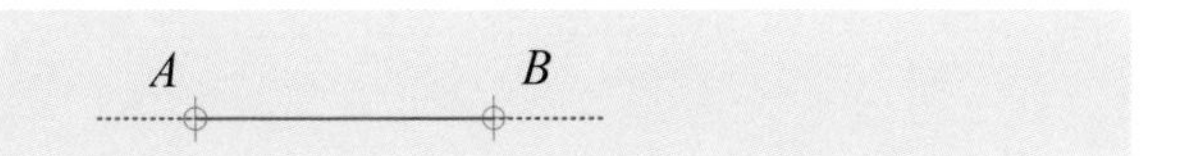

圖3.21

二、分別以 A、B 為圓心，用半徑 5cm 的圓規畫圓，交於 C 點。

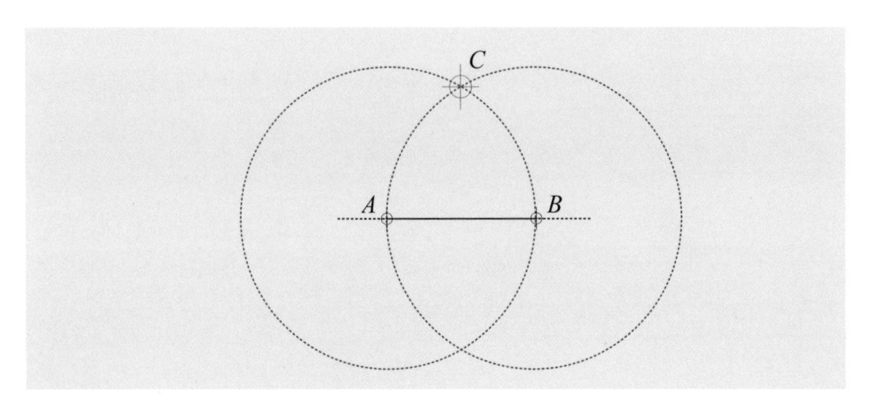

圖3.22

三、連 AC 與 BC，得正三角形 ABC。

四、另以 C 為圓心，5cm 為半徑，再畫一圓。

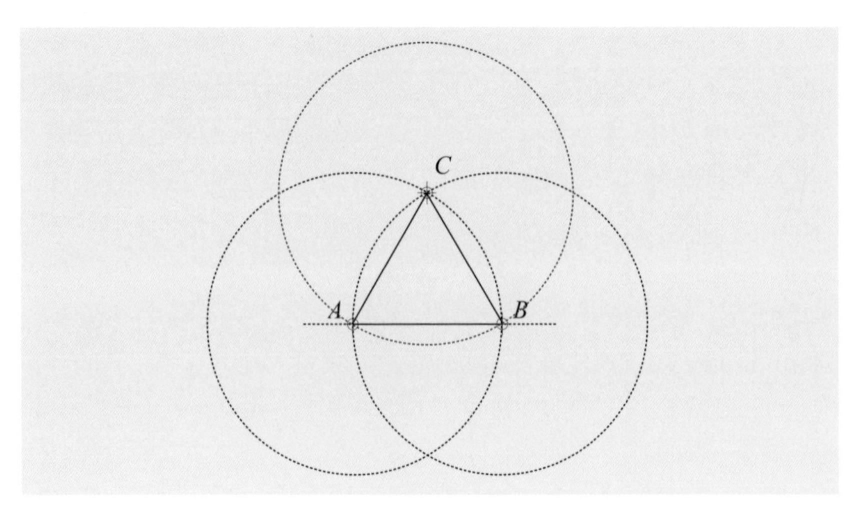

圖3.23

圖3.24　四面體展開圖（圖說文字中譯，參見P.220）➤

TETRAHEDRON

The NET for the TETRAHEDRON can be drawn from the equilateral TILING of the plane. Four equilateral triangles are required. The

The tetrahedron so formed has four planes, six edges, and four vertices. This form is a four faced pyramid.

Plato considered that this form could be related to fire. "Thus.....

...that solid which has taken the form of a pyramid, shall be the element and seed of fire.....". It is the form which requires the minimum number of vertices, edges

五、設三圓的外圍交點分別為D、E、F，連 DCE、EBF 與 FAD，此即為所求的展開圖。為利於用膠水將展開圖黏貼成型，還需「預留黏貼邊的位置」(簡稱為預留邊)，不妨引導學生找找哪些位置最適合放預留邊。寬度不要太窄(常見毛病)，若三角形的邊長是5cm，則預留邊最好或至少要 1cm 寬。

圖3.25

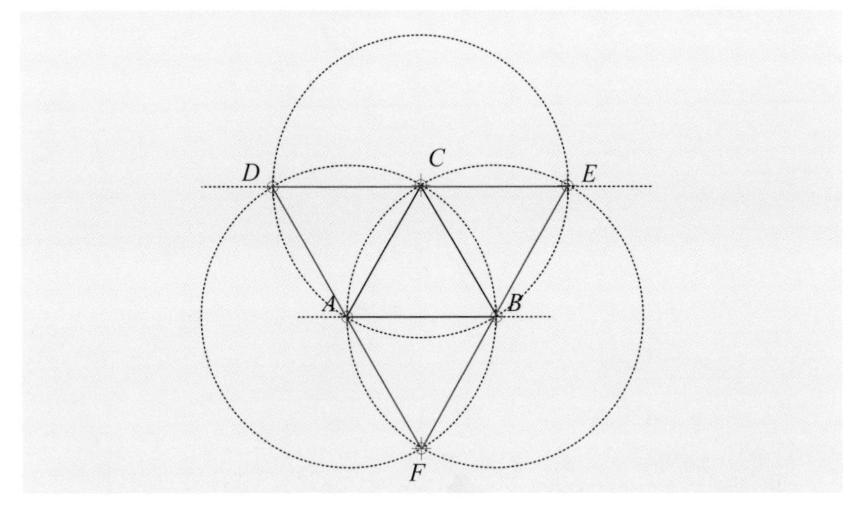

如同圖3.24所創造的三角形磁磚圖案，展開圖可向各方向延伸擴張。重要的是，此網格在繪製另外兩種柏拉圖立體的展開圖時，會再次用到。

卡紙上的摺線可小心使用剪刀的刀背、鈍的美工刀、圓規尖腳水平加以刻劃，或用細的鋼珠筆先刻摺痕，以利卡紙包摺成多面體。

圖3.26

正四面體在哪裡？

生活周遭哪裡可以看得到正四面體呢？處處皆有，只待細細察覺。化學家和物理學家告訴我們，在碳分子的結構中，即有以一個碳原子為中心，（分子鍵）向外連接四個碳原子的正四面體結構。這種空間中最剛性的組成，造就出自然界最堅硬的材質——鑽石。

圖3.27　柏拉圖的火元素（續接圖 3.24）（圖說文字中譯，參見P.220）

甚至連我們生存的巨大地球，看起來也像略偏的四面體。

由此觀之，四面體是我們天天步行其上的一個相當基礎的形式，而且它（在碳分子中）也是構成我們身體和所有生命細胞的基本成分。它是「溫室」氣體二氧化碳和甲烷的主要成分。

請留意下列數字：

4個點

6稜邊

4個面

這是歐拉（Euler）發現一個重要定理的線索——不過，待後續其他多面體探索後，我們會進一步討論。

圖3.28　土耳其奧林波斯的地火（攝影：Bahram Saba）

至於火的形式，攝於土耳其奧林波斯這張原火在地表燃燒的照片（圖 3.28），相信已給了完美的詮釋。

在某種程度上，新石器時代的蘇格蘭人是否也意識到了這一點？為何在石球上會有這些精緻的刻畫，其形式強烈指出一個刻入球體的四面體？是否他們已經察覺四面體在這個世界上的重要性？還是這些精雕細琢的石球，僅僅只是被當作門擋？我認為不是。

對考古學家而言，這些細緻的造型至今仍是個謎。克里其羅的研究發現，在蘇格蘭（靠近亞伯丁的地方）有為數眾多的柏拉圖立體石球。

圖3.29　新石器時代石球上的四面體雕刻（取自 Critchlow, *Time Stands Still*）

圖3.30　學生展覽作品：琳瑯滿目的多面體

正八面體

這個立體也是由正三角形造出。不同於四個面（如上述最後一個立體），現在有八個面。而且，我們有六個點或頂點，而不是四面體中的四個頂點。

在這些數與（點、線、面）元素的種類間，是否存有任何系統？答案是有的，而且是歐拉所發現。他發現任一個凸多面體的點、線、面之間，皆存在一個簡單的數量關係式。看看學生們是否能自行發現潛藏其中的規律。而在自然界中，哪裡找得正八面體？

正八面體展開圖

正八面體模型仍可強調其頂點或稜邊的結構特徵。不過，在此僅介紹其平面展開圖製作的設計。既然正八面體都是由正三角形架構而成，我們只需將製作正四面體展開圖所用的平鋪網格，以特定的方式向外延伸即可。

若能精確辨別哪些三角形會用到？哪裡要放預留邊？哪些線條要摺？則完成展開圖並非難事。提供學生正三角形的網格（磁磚鑲嵌），嘗試從中挑選適當的八個三角形來組成展開圖，將是一個小小的挑戰。過關之後，學生們得從頭自行繪製三角形網格，雖然利用「黑線大師」軟體（blakc-line master）可讓方法更簡單，但由於這是一個練習精確度的好課題，所以我總是試著讓學生畫自己的展開圖。如此一來，學生們不僅是從頭到尾都全程參與，還可以同步發展其繪圖技能。

圖3.31　正八面體展開圖

練習七：製作正八面體模型

一、以半徑5cm 的圓（比方說）在卡紙上繪製正三角形的網格，再依圖3.31繪製展開圖。此練習有助於後續正二十面體展開圖的製作。

二、在適當位置畫定預留邊，為免重複，需花點心思。

三、沿虛線刻劃摺痕（包含連接預留邊的摺線，圖3.31 中未顯示）。

四、剪下展開圖（注意預留邊不要剪去 ）。

五、沿摺痕摺線。

六、將預留邊上膠，並與鄰近的三角形黏貼。有時，最後一個預留邊會不易黏組，在等待黏膠乾燥的過程中，可輔以數片小膠帶或之類的定型物，最後再小心地取下。

練習八：正八面體摺紙模型

圖3.32的摺法源自肯地和羅列特，也是從正三角形網格繪製而成，只是更加複雜。

剪下黃色區塊並剪斷正六邊形中 O、U 兩個三角形的分界，讓 O 在上層，U 在下層，依摺痕開始包覆三角形，收尾時不需黏膠，即可

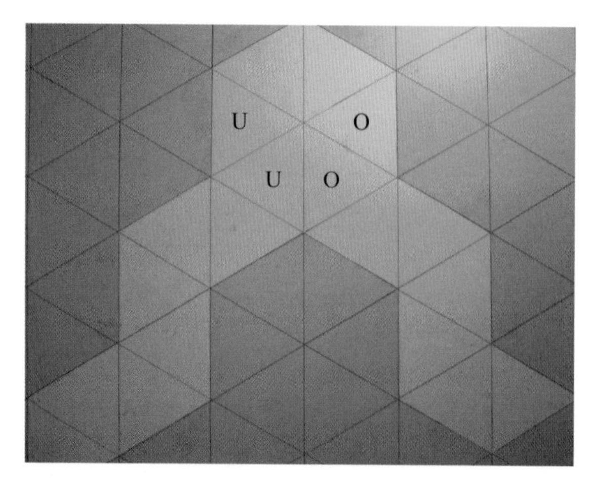

圖3.32　正八面體摺紙的展開圖

將最後一片三角形巧妙插入夾縫，完成立體模型。要弄懂這個摺法頗具挑戰性，試試看！

正八面體實例

螢石可裂解成八面體；在黃鐵礦的結晶中，亦可發現八面體。（譯按：黃鐵礦又稱愚人金，其晶體結構有六面體、八面體與十二面體等多種變化，其中又以六面體結晶較為普遍，參見圖3.40。）

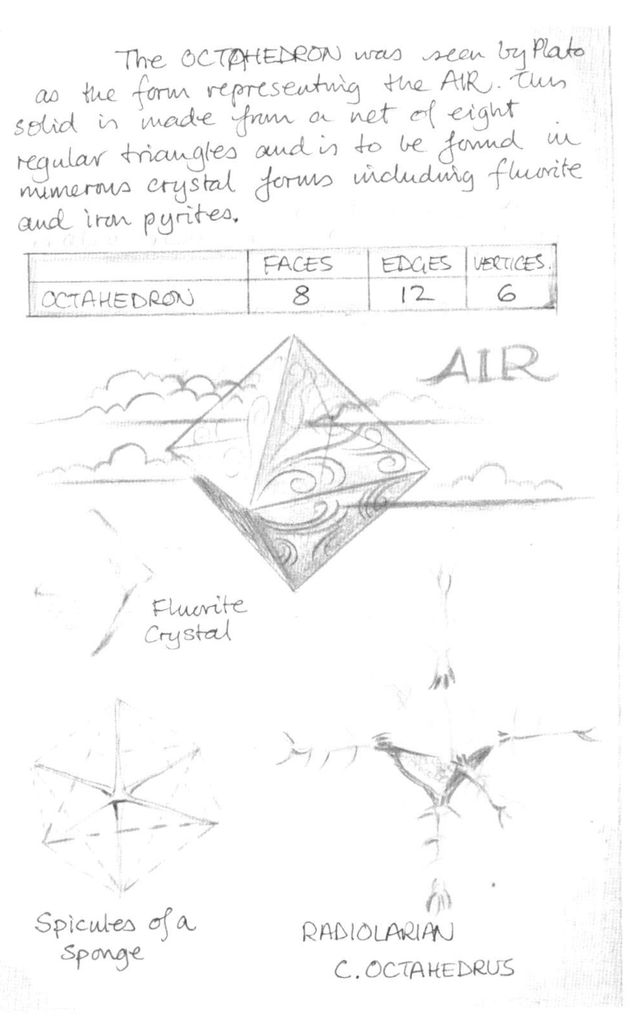

圖3.33　正八面體：柏拉圖術語中的「氣」之形式（圖說文字中譯，參見P.220）

圖3.34　裂解的螢石

圖3.35　正立方體堆疊而成的正八面體

即使是在有機生物界，八面體亦出現在極微小的放射蟲的鈣質骨架中，詳見海克爾（Haeckel）約於1900年完成的名著《自然界的藝術形態》（*Art Forms in Nature*）。

柏拉圖將正八面體與空氣相連結，為什麼這麼說呢？在《蒂邁歐篇》中，有一段不易理解的聲明：「氣同樣也有差別，最明亮的那部分氣稱作以太，最混濁、最昏暗的那種氣就是霧和黃昏，其他還有因三角形的不均等而產生的沒有名稱的氣。」（*Timaeus*,58。譯按：《柏拉圖全集》第三卷，王曉朝譯，北京，人民出版社，2003）

從圖 3.35 可以看出正八面體是如何由正立方體堆疊而成。（圖中有幾個正方體？）

（譯按：若含內部的實心組成，則小正立方體積木共有63個，其逐層推算的規律可歸納為(0+1)×2+(1+4)×2+(4+9)×2+(9+16)）

既然正八面體可透過同樣大小的正方體多重打造，便暗示了這兩種立體之間更深層的關連。

由此可見建立正立方體模型，並且進一步探索這個形式本身，以及從一個形式到另一形式的可能變換。

正六面體（或正立方體）

正六面體與正八面體密切相關，故緊接其後登場。六邊形意指有六個邊，而六面體有六個面。柏拉圖立體的命名方式，即如此有趣地依據**面**的數量來稱呼，而非點或邊的數量。對立體而言，後兩者當然也相形重要，只是不太明顯。因此，正六面體有八個點，而不是六個，且其角落（頂點）也通常未如面一般被強調。其實只要清楚知曉討論的立體，那些似都無關緊要，畢竟這種命名法則，只是約定俗成的習慣。點和線或許會抱怨受到不公平的歧視……而我們看待事物也常常無法面面俱到，總會有顧此失彼的毛病。

正六面體與正八面體之間究竟有何關聯呢？它們之間互為對偶立體（其餘待續），它們可以互相變換，且其點、線、面元素的數量可說是同中有異，參閱下表。

	面	稜邊	頂點
正八面體	8	12	6
正六面體（正方體）	6	12	8

表中數據似正顯示存在於兩個立體之間的互反（reciprocity）關係，此在其幾何結構上亦是顯而易見，因此，手邊最好先做個模型。

正六面體展開圖

正六面體的展開圖有許多種不同的連接變化，以下僅呈現其中一圖，每個面都是以正方形為底，整張卡紙需畫上正方形平鋪的網格。（譯按：若排除旋轉或翻轉之後的差異，則正方體共有11種不同的展開圖。）

練習九：正六面體或正方體

圖3.36　正六面體或正方體展開圖之一

如圖3.36，畫出正六面體的展開圖並製作正方體。展開圖還有其他樣式，其中一種形如十字架。

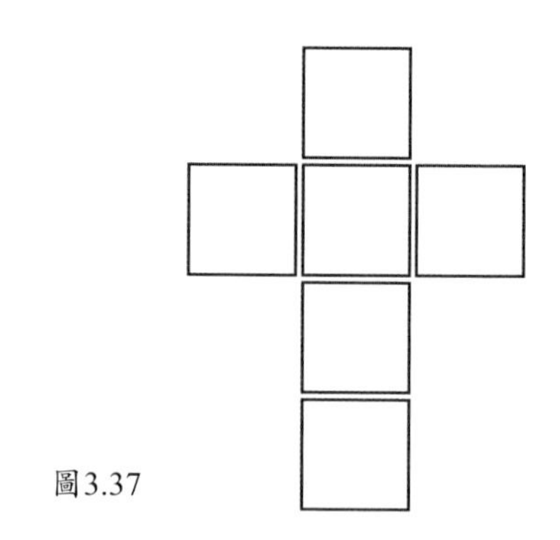

圖3.37

一、先在卡紙上畫一條水平線，並在線上註記 A、B 兩點相距6cm 寬（比方說）。

圖3.38

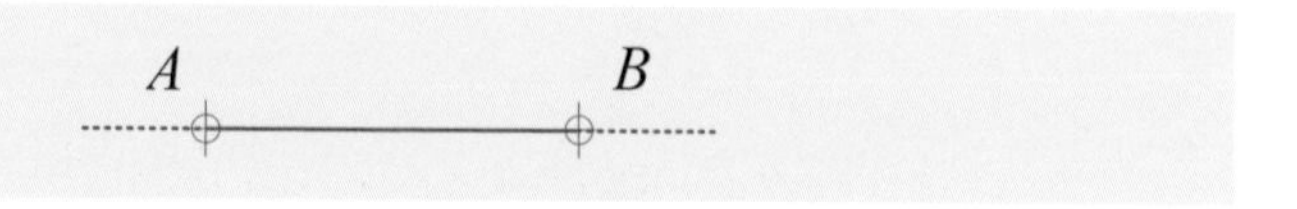

二、根據圖3.39，分別以 A 和 B 為圓心畫弧，設兩弧交於 C 和 D，此為直角作圖法之一。連 CD，則鉛直線 CD 會與水平線 AB 垂直。

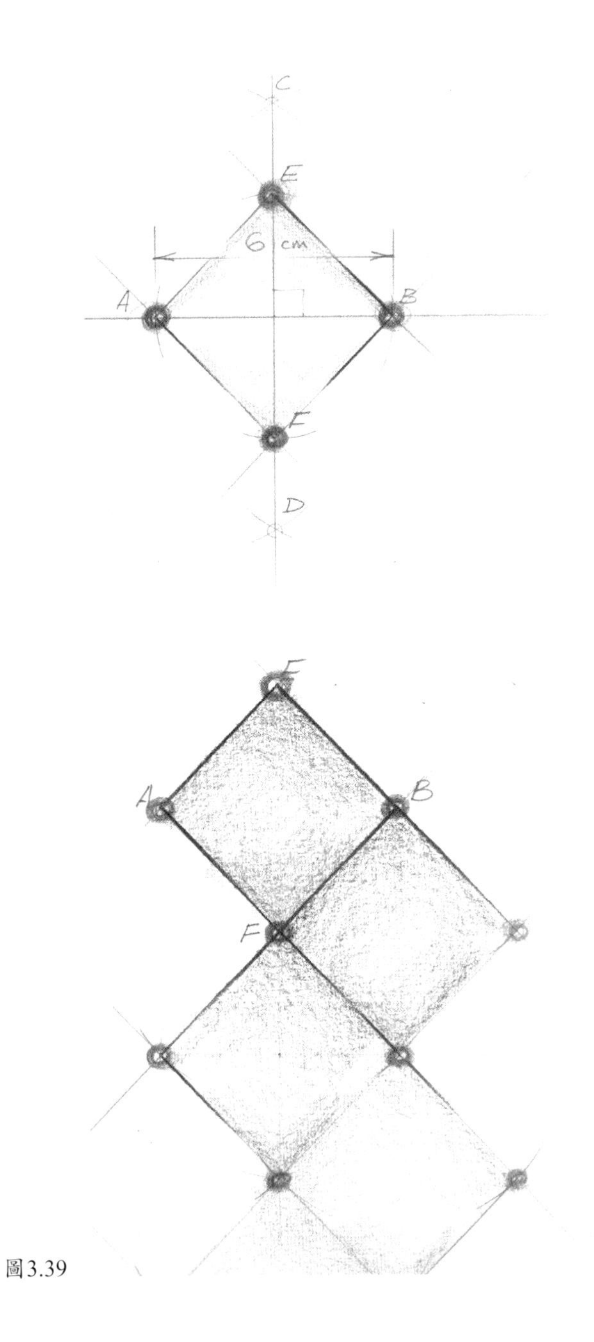

圖3.39

三、以 AB 與 CD 的交點為圓心，$AB/2$ 長為半徑，用圓規畫圓 $AEBF$。

四、連 AE、EB、BF 與 FA，得一正方形。

五、向右下方延伸 EB 和 AF；向左下方延伸 BF。

六、如圖所示，在*FB* 的延伸線上，以 *FB* 長為半徑取點，仿此分別在 *AF* 和 *EB* 的延伸線上取點。作圖至此，理應察覺如何繼續往下畫展開圖，直到畫完六個正方形為止。

由於每次延伸直線時，都會造成誤差，故本作法的準確度會越來越低。想想看有無其他更精確的作圖法。例如，從一個夠大的正方形開始不斷地細分。

七、畫出至少 1cm 寬的預留邊。

八、沿著所有摺線刻劃摺痕。

九、剪下展開圖。

十、上膠並摺黏。

正六面體實例

正立方體與長方體存在於自然界中，在黃鐵礦、鹽巴和方鉛礦（鉛石）的結晶中，可找到幾近正立方體的結構，以及彼此垂直的平面。

有時候，這些結晶結構是如此地細緻，以至於很難讓人相信它們真的是渾然天成的，而未經過人工精雕細琢。我收藏的一個完美的黃鐵礦結晶（圖3.40），就常常被誤以為是精工藝品。

若將圖3.40的兩張照片放在**至少一臂長**之外觀察，同時調整視線焦點，使兩個紅點的視像重合，則原本平面的晶體照片將一躍變成 3D 圖像。此立體觀察法的成效極佳，值得多練習。

不僅正立方體是正八面體的對偶，而且**五**組正方體還可外接一個正十二面體；此外，一個正立方體還可內接**兩**組正四面體。

圖3.41的素描稿顯示有一個正四面體在正立方體之內。

▲圖3.40　黃鐵礦

"To earth let us give the cubic form for of the four kinds earth is the most immobile ....." so says Timaeus. The cubic form, or hexahedron, is the only one of the Platonic solids which will fill space with no voids remaining. All its angles are right-angles and all its faces are square. The dual form to the hexahedron is the octahedron since for every face of the former, there is a corresponding point of the latter. Numerous crystals are based on a cubic structure, for example fluorite, rock salt, galena pyrite, and the metals, copper gold and silver. The cube will fit five times into the dodecahedron and two interpenetrating tetrahedrons can be placed in it.

HEXAHEDRON
WITH TETRAHEDRON

	FACES	EDGES	VERTICES
HEXAHEDRON	6	12	8

➤圖3.41　正六面體與柏拉圖立體（圖說文字中譯，參見P.220）

圖3.42　學生哈里特（Harriet S）製作的正立方體玻璃模型

製作正立方體形式是玻璃工藝課的練習之一，圖中所示是多年前，一位學生展示正立方體結構之美的優異作品。

對偶的正立方體和正八面體

這兩種形式互為對偶，素描圖（圖3.43）是以等角投影（isometric projection）的方法繪製。這是以一點為中心，將三個視點拉到無窮遠處，讓彼此的視線夾角為120°，而各視線上所有距離的比例大小仍保持相等。這種圖示也稱為等角視圖（isometric view）。（譯按：本文所指的「等角投影」即是在繪畫構圖中，將三個方向的消失點或隱藏點同時拉到無窮遠處，故圖3.43所繪正方體三軸方向的稜邊，仍分別保持兩兩平行的關係。）

還有這兩種形式之間的另一種關係，同樣也是一種有趣的模型。

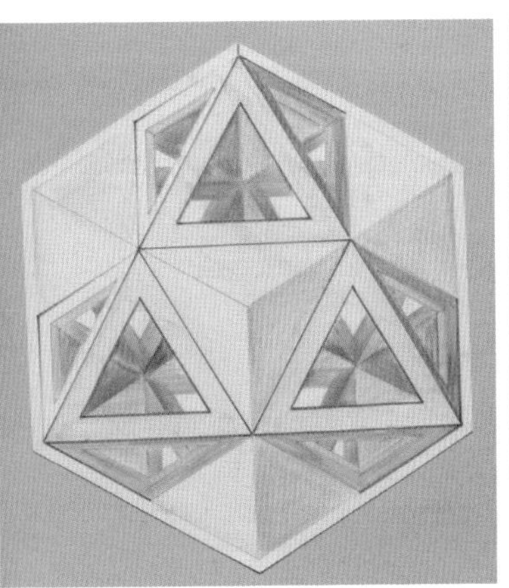

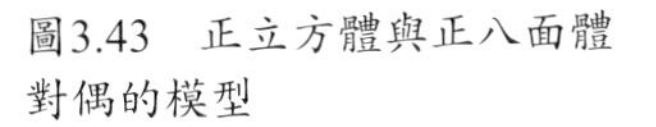

圖3.43　正立方體與正八面體對偶的模型

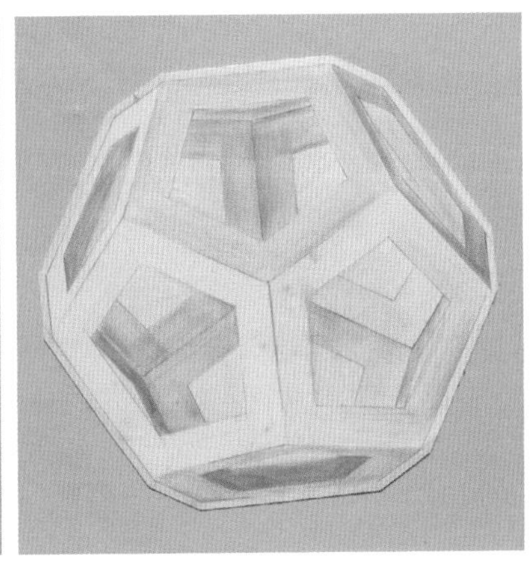

圖3.44　正十二面體

圖3.45　正二十面體

正二十面體與正十二面體

這兩種立體也是密切相關，圖3.44和圖3.45分別是這兩種立體的「骨架」構圖。

- 數一數（圖3.44）的面是十二個嗎？
- 數一數角（落）（頂點），有多少呢？
- 然後，確認稜邊的數量。
- 手上有個模型來數，會比只從圖中觀察容易上手！
- 試數一數（圖3.45）有多少個面，其結果與正十二面體的哪一個數據呼應嗎？
- 數一數角（落）或頂點。
- 最後，檢查稜邊（或線段）的總數。

現在比較這兩種立體的稜邊、面和頂點的數目，你發現了任何互反關係嗎？

	面	稜邊	頂點
正二十面體	20	30	12
正十二面體	12	30	20

若你還沒想通歐拉法則，概略給點提示：有個東西加上別的東西，會等於另一個東西加 2，但這些「東西」是什麼呢？

面（平面）+ 頂點（點）= 稜邊（線）+ 2

空間中的結構，即使是最簡單的立體，也藏有不少祕密，值得我們深入研究。這些形式的概念全然不涉及物理學，雖可透過實體模型或圖像來確認，但其**理念**真的不需藉助物理學。

圖3.46　遊戲骰子；可能是《龍與地下城》桌遊

透過繪圖，人人皆有可能發現這些概念，然而，這並不意味著這些想法或觀念是先例。它們已存在很長的一段時間，肯定長到足以讓柏拉圖認真思索並賦予它們意義。也或許蘇格蘭北部新石器時代的原始人，如同古埃及人一樣，把正十二面體當作骰子，而我們至今**仍舊**使用這些骰子來玩遊戲呢！

正二十面體展開圖

如圖 3.47，在卡紙上畫好正三角形延伸平鋪的網格，即可製作此模型。

圖3.47　正二十面體展開圖

練習十：正二十面體

以下說明適用於圖 3.48：

一、畫出正三角形網格。

二、創意美化！

三、繪製預留邊（黃色）。

四、沿虛線刻劃摺痕（紅色）。

五、剪下粗的輪廓線（深綠色）。

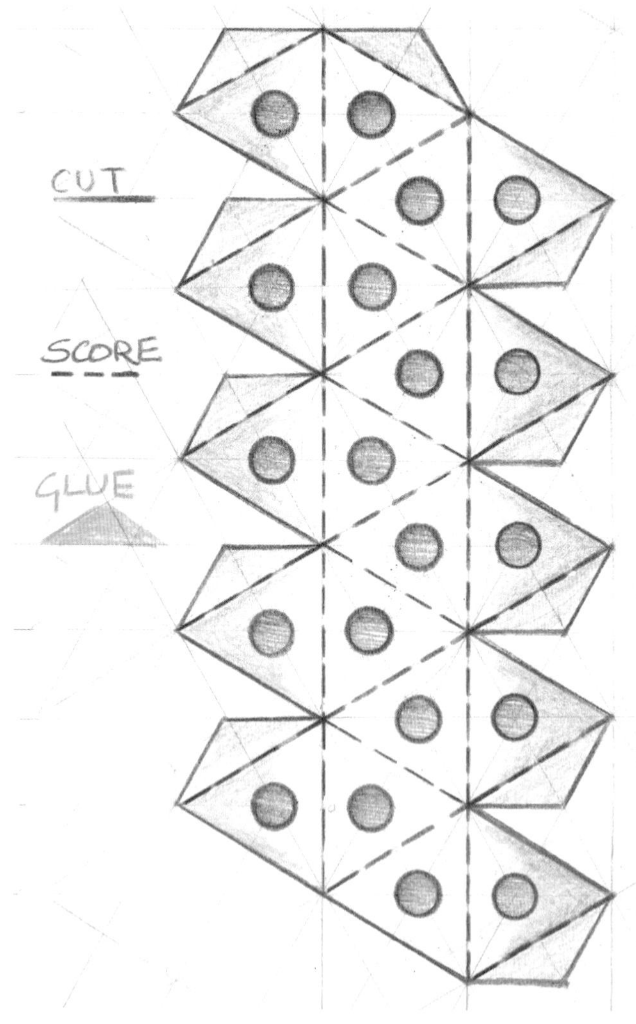

圖3.48　正二十面體展開圖，含美化設計、預留邊、虛線摺痕和粗的輪廓裁切線

六、包摺成正二十面體。

七、一次挑選一、兩個適當的預留邊上膠，在等待黏膠乾時，輔以一小片膠帶輕輕地黏貼，定型後再小心地取下膠帶。

八、完成並展示。

這是利用最多正三角形所組裝而成的凸的（封閉的）形體，其上每五個三角形相鄰匯聚。不難看出，這是最多三角形的組合，因為如果增為六個，則這**六**個正三角形，將合成一個平面。

古蘇格蘭人製作的石球結構，也可銓釋成這種形式。

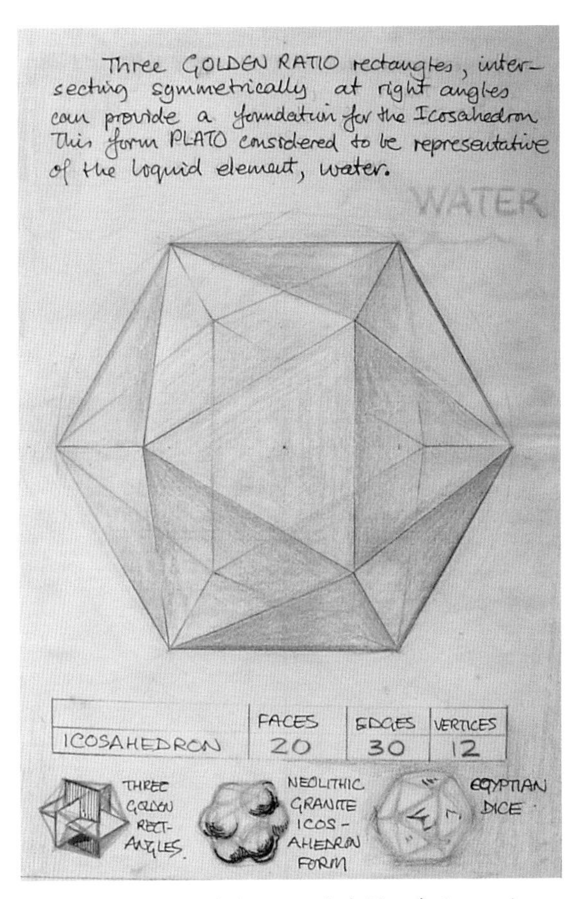

圖3.49　正二十面體（圖說文字中譯，參見P.220）

正二十面體的黃金分割結構

正二十面體有一個核心結構，這也是很有意義的。若將三個全等的黃金矩形彼此互相垂直組裝，則其頂點即可構造出正二十面體上由正三角形匯集而成的角（落）。

黃金矩形的邊長成黃金比（黃金分割或黃金比例），其邊長比近似於1：1.618……，或精確表示為1：$(1+\sqrt{5})/2$。

練習十一：黃金矩形作圖

以下是我所知最簡單的黃金矩形作圖：

一、先作正方形（紅色）。

二、將正方形左邊二等分。

三、以中點為圓心，與對角之距為半徑，向左上角的延伸線方向畫弧。

圖3.50　三片黃金矩形的夾板

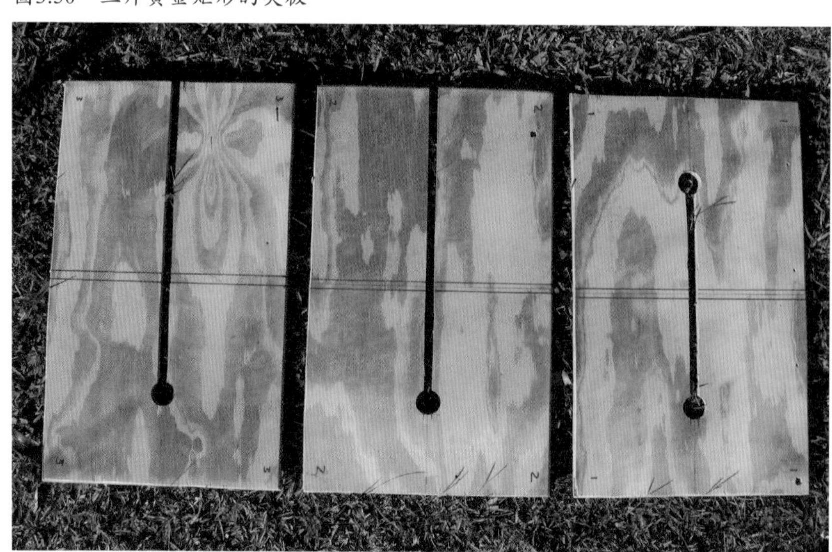

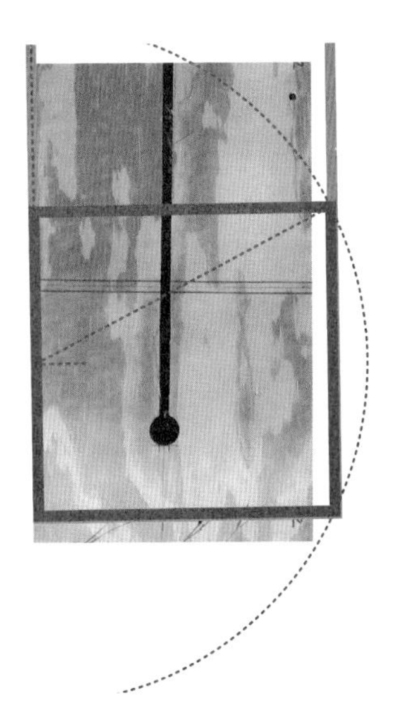

圖3.51

四、圓弧與左上角的延伸線交於一點，即得黃金矩形之長邊。

五、完成黃金矩形。

六、找出矩形（對角線）的中心點，然後在向上或向下半個短邊長的位置註記，即得組裝夾縫的端點。

七、裁切夾縫。

圖3.52　三片夾板交錯穿插而成的正二十面體骨架

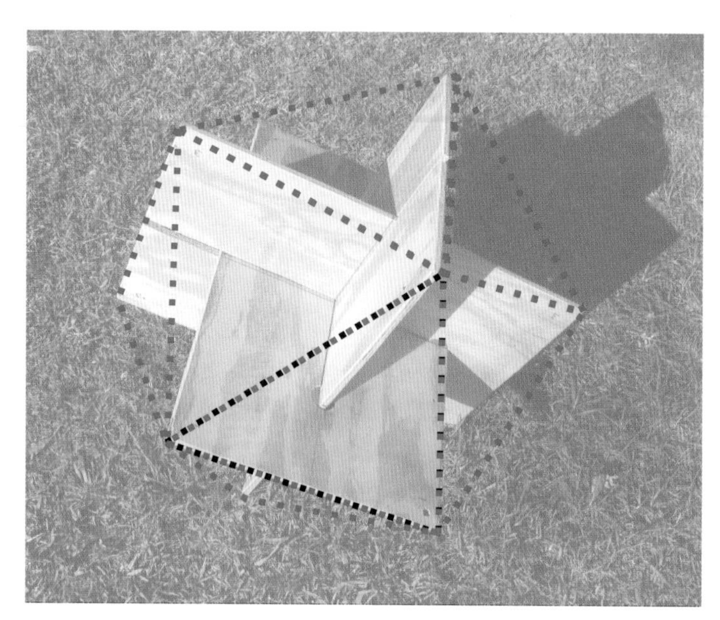

圖3.53　正二十面體骨架

如圖3.53所示，連結骨架上的虛線，即可看出一個正二十面體。

利用畢氏定理可證明上述比例為黃金比例。若正方形的邊長為一單位，則矩形之長邊近似於1.6180339…。證明過程雖有點難，但會是個很好的延伸作業。（譯按：若步驟一之正方形邊長設為1單位，則步驟三所得之半徑即為 $\sqrt{5}/2$ 單位，再據步驟二、四，得矩形之長邊為 $(1+\sqrt{5})/2$ 單位，故作圖所得矩形之長寬比符合黃金比例。）

正十二面體

正二十面體的伴隨組成形式是正十二面體，這是最後一個，也是最有趣的柏拉圖立體。柏拉圖曾描述其特徵說：「此外還有第五種複合而成的立體，被神用來界定宇宙的輪廓，同時使用的還有生物的形狀。」（*Timaeus*,55c。譯按：《柏拉圖全集》第三卷，王曉朝譯，北京，人民出版社，2003）

正十二面體也是正二十面體的極線形式（polar form），如圖3.54所示，從中找出兩種立體是個很好的觀察練習。

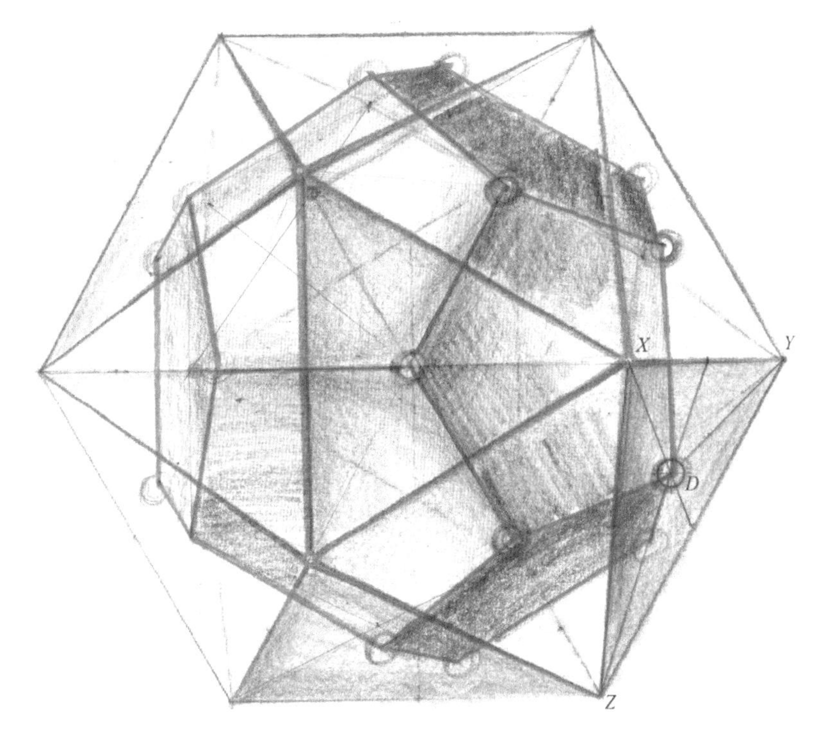

圖3.54　對偶立體

看看「綠色」，可察覺正二十面體；注意「紫紅色」，會跳出正十二面體。如果用線段連接所有相鄰三角形的中心點，會出現一系列的正五邊形的面，進而得出一個正十二面體。

毋須多言，若用線段連接這些新五邊形的中心點，則會得出一個正二十面體。如此交替一系列的正二十面體與正十二面體，將會永無止盡地往中心點逼近。多年前閱讀《新科學家》（*New Scientist*）時，有位作者闡明**螺旋**與**正十二面體**是自然界中最常被發現的兩種結構。令人驚訝的是，某些很小的病毒體的基本結構，也是這些立體形式。

此外，若是往外交互擴充這兩種越來越大的多面體，便可直達宇宙最遙遠的地方。

近期《自然》有篇報導（前文已提）：根據衛星觀測收集的背景輻射數據的分析，整個宇宙空間好像真的就是正十二面體。想像一下我閱讀當下的雀躍心情，就某種意義而言，柏拉圖一直以來都是對的嗎？也許是吧！然而，這些想法卻又後繼無人。

再談黃金矩形

我們再次看到這三個黃金矩形。每個正五邊形面的中心點，都會接觸矩形的一個角（落），因此，每個矩形都有四個正五邊形與之對應。而矩形有三個，4×3=12，因此，該形體有十二個面，不是嗎？

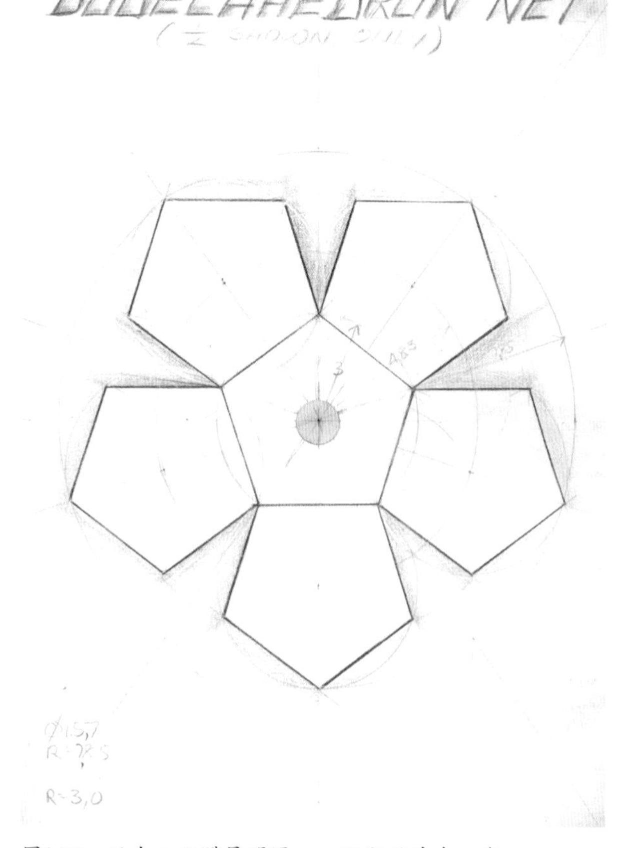

圖3.55　正十二面體展開圖——只顯示其中一半

正十二面體展開圖

這次我們無法輕易地平鋪網格。事實上，要用正五邊形來平鋪平面，根本不可能不留下任何空隙，或沒有任何重疊。

我所選擇使用的網格，是一個單一的正五邊形，被其他全等的正五邊形所環繞。如圖3.55 所示。

練習十二：正十二面體模型

由於製程與正二十面體十分雷同，故此處不再贅述。

要稍加留意黏貼邊的設計。為了最後立體的定型，可先用六個正五邊形包覆成一個「碗」，待黏膠乾妥之後，再將另外六個正五邊形逐一「編織」進來。最後一面可能會很棘手，但保證是非常令人滿意的模型。

關鍵在於能夠精確繪製正五邊形，作法如下介紹，但在認識其與黃金分割或黃金矩形的關係時，將再度描述。

練習十三：正五邊形作圖

參照圖 3.56 至圖 3.58，茲簡述作圖步驟如下：

一、作出一圓（紅色）

二、作出一正方形（咖啡色）

三、平分正方形右邊（雙箭頭處）；

四、以中點（紅點處）為圓心，與左上角之距為半徑畫圓，交正方形右上方之延伸線於一點（白箭頭所指）。

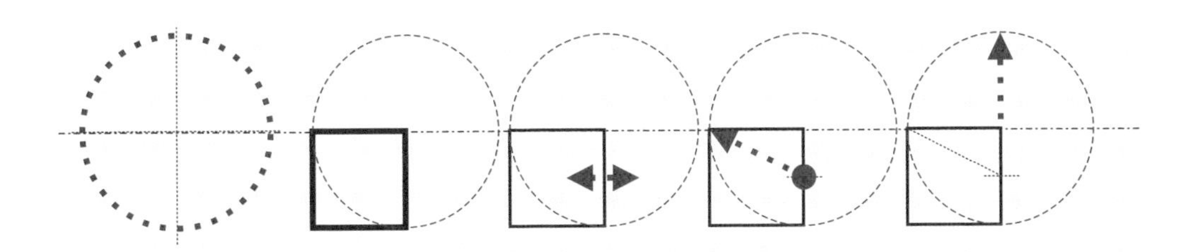

圖3.56

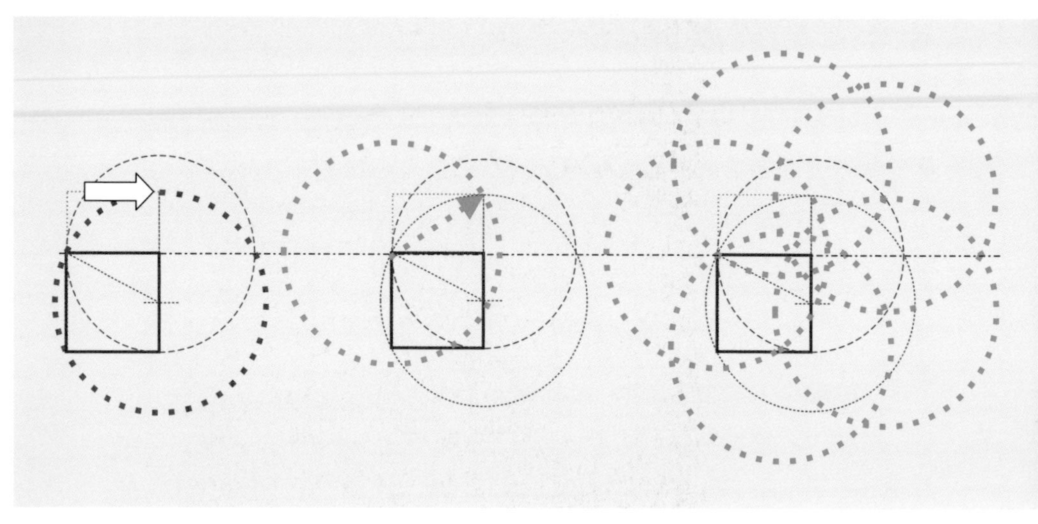

圖3.57

五、以正方形左上角為圓心，距白箭頭之交點為半徑，畫出藍色圓。

六、再分別以與第一個紅圓的交點為圓心，陸續畫出另四個等圓，得五邊形的五個點，連接邊長，則藍色正五邊形即為所求。

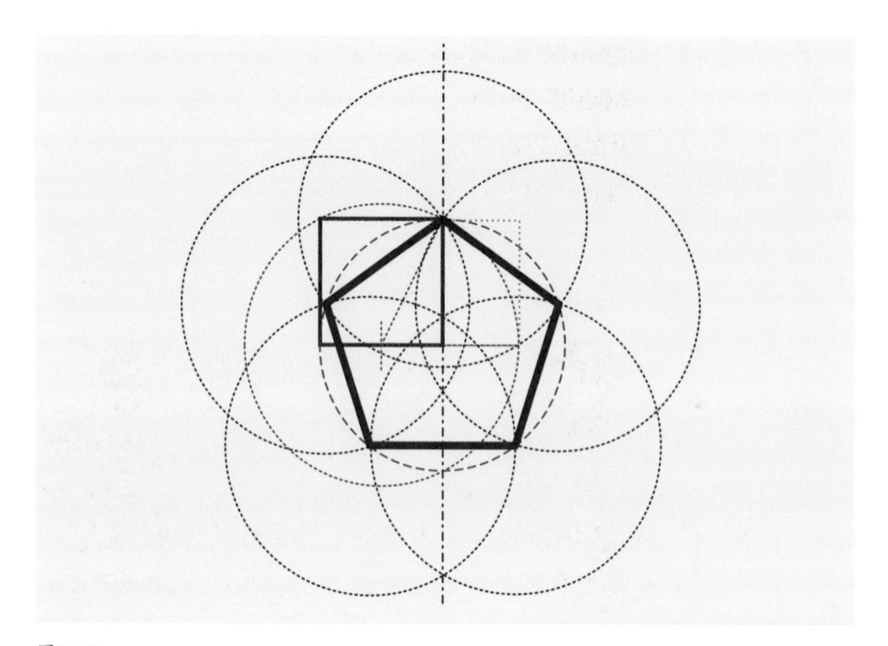

圖3.58

歐幾里得《幾何原本》第十三冊

有趣的是，在偉大幾何學家歐幾里得的《幾何原本》中，正十二面體是被擺在第十三冊最後才介紹的一個正多面體。

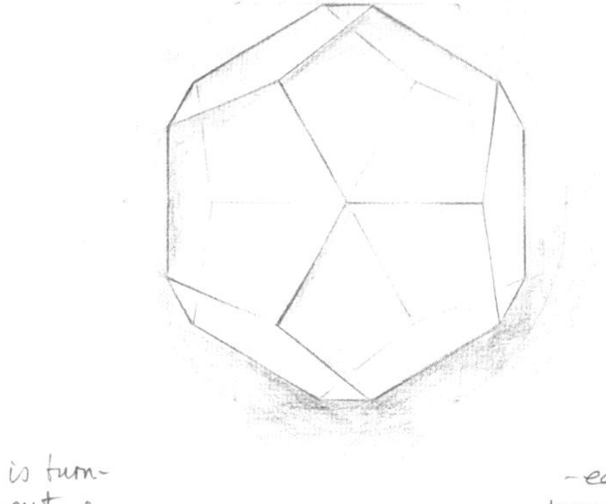

	FACES	EDGES	VERTICES
DODECAHEDRON	12	30	20

圖3.59　正十二面體結構（圖說文字中譯，參見P.220）

1926年，湯馬士．希思（Sir Thomas Heath）爵士編著的《幾何原本》第十三冊命題十七中，歐幾里得提出：「求作一個球內接正十二面體，並證明正十二面體的邊長是被稱作餘數（*apotome*）的無理線段」。（譯按：參見《歐幾里得幾何原本》，藍紀正、朱恩寬譯，九章出版社，1990，P.578。）

這個作圖須花數頁的篇幅。在羅伯特．勞勒（Robert Lawler）的著作《神聖幾何學》（*Sacred Geometry*）中（如上圖3.59），已有很好的描述。在本文中，熟悉這些形式本身，並有能力建立模型即已足夠，至於推導細節，則留待高中課程探討。

超過2300年以來，一直有很多思想學派對正十二面體這樣的形式感到好奇。當初這些研究興趣到底是從何而來，我們很難得知。不過現代的研究發現，認真審視這些立體的確有其必要性，因為多面體的蹤跡已遍及病毒的結構（微生物）、巴克球、富勒（Buckminster Fuller）的圓頂蒼穹設計（大建物），乃至宇宙本身的形狀（巨型時空）。

歐拉法則

歐拉法則通常被寫成 $F + V = E + 2$ 的形式，代表在多面體中，如果將面的數量與頂點的數量相加，其和會等於稜邊的數量再加2。歐拉證明該法則不僅在規則的立體（如正多面體）上成立，同時也適用於其他不規則的凸多面體。（譯按：台灣教科書的習慣是譯成「尤拉公式」。）

本文將之改寫如下：

$$F - E + V = 2$$

練習十四：凸多面體的歐拉法則

一、檢驗歐拉法則對所有柏拉圖立體都為真。記得每次都要加二。

	面	稜邊	頂點	
正四面體	4	6	4	
正八面體	8	12	6	
正六面體	6	12	8	
正二十面體	20	30	12	
正十二面體	12	30	20	

二、檢驗歐拉法則是否適用於下圖所示的不規則立體。

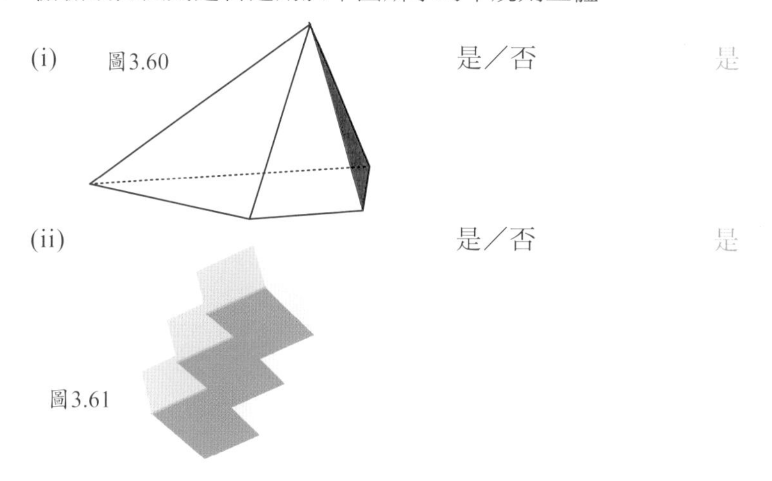

(i)　圖3.60　　是／否　　是

(ii)　　是／否　　是

圖3.61

（譯按：圖 3.61 雖是凹的多面體，但其點(24)、線(36)、面(14)的數量仍舊適用歐拉法則，讀者不妨親自數數看。）

學生作品

學生常會製作出美侖美奐的作品，本章結尾即展示2005年時，由史泰納學校的陸絲潘（Ruth P.）帶領的八年級學生所製作的幾套柏拉圖立體模型。

圖3.62　班級作品

圖3.63, 3.64　班級作品

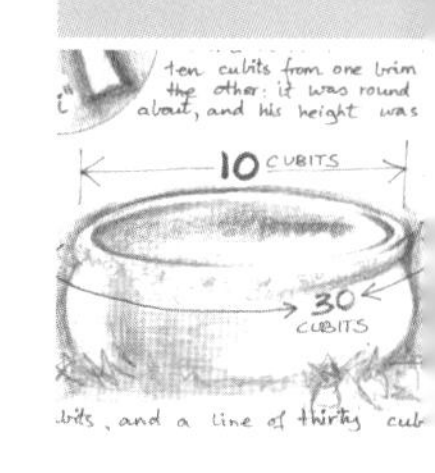

第四章　節奏與週期

旋轉、節奏與週期

生活中的每樣事物都有著某種節奏。好比有生就有死；種子會不斷開花結果。魯道夫・史泰納曾提到：「理解大自然的節奏，將成為真正的自然科學。」這對教師（及科學家）是一種巨大的挑戰，他們必須給學生帶來新的體悟。對於面臨心靈與賀爾蒙起伏震盪的學生，本書則可以作為他們面對改變的準備。

from the bible

To everything there is a season,
and a time for every purpose under heaven:
time to be born, and a time to die;
time to plant,
and a time to pluck up that which is planted;
time to kill and a time to heal;
time to break down and a time to build up;
time to weep and a time to laugh;
time to mourn and a time to dance;
time to cast away stones
and a time to gather stones together;
time to embrace
and a time to refrain from embracing;
time to get and a time to lose;
time to keep and a time to cast away;
time to reap and a time to sow;
time to keep silence and a time to speak;
time to love and a time to hate;
time of war and a time of peace.

ecclesiastes 3:1-8

在上帝旨意下，凡事都有定期，天下萬物都有定時。

生有時，死有時；

栽種有時，採摘那些所栽種的也有時；

殺戮有時，療癒有時；

拆毀有時，建造有時；

哭有時，笑有時；

哀慟有時，跳舞有時；

拋擲石頭有時，堆聚石頭有時；

懷抱有時，不懷抱有時；

尋找有時，失落有時；

守成有時，捨棄有時；

撕裂有時，縫補有時；

靜默有時，言語有時；

喜愛有時，恨惡有時；

爭戰有時，和好有時。

《傳道書》3:1-8

圖4.1
「……有時」
摘錄自聖經

INTRODUCTION

THE SPHERE OF THE HUMAN AND ~
THE HELIOSPHERE

The verses from **Ecclesiastes** says it all ~ almost.

The aim of this work is to observe, compare and understand some of the **rhythms** and **cycles** that exist <u>within</u> the human being and <u>without</u> in the solar system or heliosphere and, finally, to examine possible correspondences between them.

The rhythms in both cosmos and deep within the human body are so manifold we concentrate only on a principal rhythmic system in each, that is:

* The **heart** in the human being and...
* The **sun**, as heart of the solar system.

Some Human Rhythms.

* Rhythm of Heart ~ about 72 beats per minute
* Rhythm of the breath
* Death and growth of cells
* Cycle of digestion ~ on average a 24 hour rhythm
* Sleeping and Waking.

Some Cosmic Rhythms.

* Earths daily rhythm - night and day, 24 hours
* Seasonal rhythms - Winter, Spring, Summer, Autumn
* Tidal rhythms - approx 12 hourly
* Moons monthly cycle ~ about 28 days
* Suns rotation 26.8 days at its equator but 31.8 days at poles.
* Sunspot cycle ~ these are about every 11 years.

圖4.2　簡介：太陽及心臟（圖說文字中譯，參見P.220）

時間

所謂的時間感，萬物皆有時，就像《傳道書》(3:1-8）中的生動描述，也像一幅雙面的圖畫，包含了我們世界中所有的活動內容。這種二重性能更深地表達大自然具有的二種面向，或是雙重性的特質。所以在《傳道書》中就是這麼唱著……新世紀音樂劇《毛髮》(*Hair*）也是如此！

圖4.3　一個主要作業的封面：「生命與時間的節奏與週期」；一位學生的作品

現在要增加的面向，不僅是有性質截然不同的兩個極端，還有兩者之間的擺盪或節奏。這種「之間」往往是一個特定的時間，為兩個極端之間的交替增添了豐富性。就像是夜晚與白天交替，或是睡覺與清醒的交替。舉例來說，春分或秋分時刻，是會漸漸走向本身屬極端的夏至或冬至的特殊時刻。

人類存在也有同樣的週期。我們吸氣與呼氣。我們從廣大的天體吸入，從自身的體內呼出。在這兩者之間，有吸入與呼出的動作。這是貫穿這個主要課程的根本主題。四季的輪迴，反映了巨觀世界的節奏。呼吸的循環，反映了微觀世界的節奏。

一個簡單的空間起源，可以形成**圓周**；而一個時間的開端，則可以形成不間斷的**旋轉**。

輪子

輪子旋轉。它們周而復始地輪轉。這就是它們所要做的事。如果卡車的輪子在每一個旋轉週期中做了些不一樣的事，那我們就會有些小緊張。在相同的活動中，我們期待一種固定的重複性。或許這就是一種我們所能想像的最簡單週期。我們討論 rpm，指的是每分鐘的轉速（round per minute），每一次的**轉速**或週期都要是相同的。

只要輪子的轉動有那麼一點卡卡的，就會立即被注意到。吱吱作響的輪子可能要上油了。我記得年少時，腳踏車騎著騎著突然輪子就卡住了，我整個人直接向前衝，飛過把手。實在有夠糗，特別是有一群同儕正在觀看。

圖4.4　卡車輪子的模型

有個我認識的人，騎車時前輪卡到樹枝，車子猛然停下。他被拋了出去，還得進行整形手術。所以，輪子能如預期地持續運轉，真的很重要。這類的循環通常是一致的：重複、甚至無聊，但是我們仰賴它。

然而，在我們的太陽系以及很多生命系統間的許多週期現象，會發生各式各樣的事，我們稍後將進行探索。那麼，圓和循環（the circular）有什麼可以說的呢？

圓和直徑

來看看圓直徑與圓周的關係。我們所知道的圓周率 π ，其實還有很多的謎團。

這帶來了許多的探索，甚至寫成整本書，例如，由波薩門提爾（Posamentier）與利門（Lehmann）合著的《世界上最神祕的數》（*A Biography of the World's Most Mysterious Number*），以及由布拉特納（David Blatner）所著的《神奇的π》（*The Joy of* π）。

圓——我們是如何發現其半徑、直徑、周長以及面積？圓是最完美又簡單的形式？這個圖引發一個從希臘時期就非常有名的難題：如何化圓為方？這代表什麼意義？可以在已知的圓面積條件下，（按尺規作圖的方式）畫出一個相同面積的正方形嗎？

圖4.5　圓，單純且簡單；或者其實沒那麼簡單？

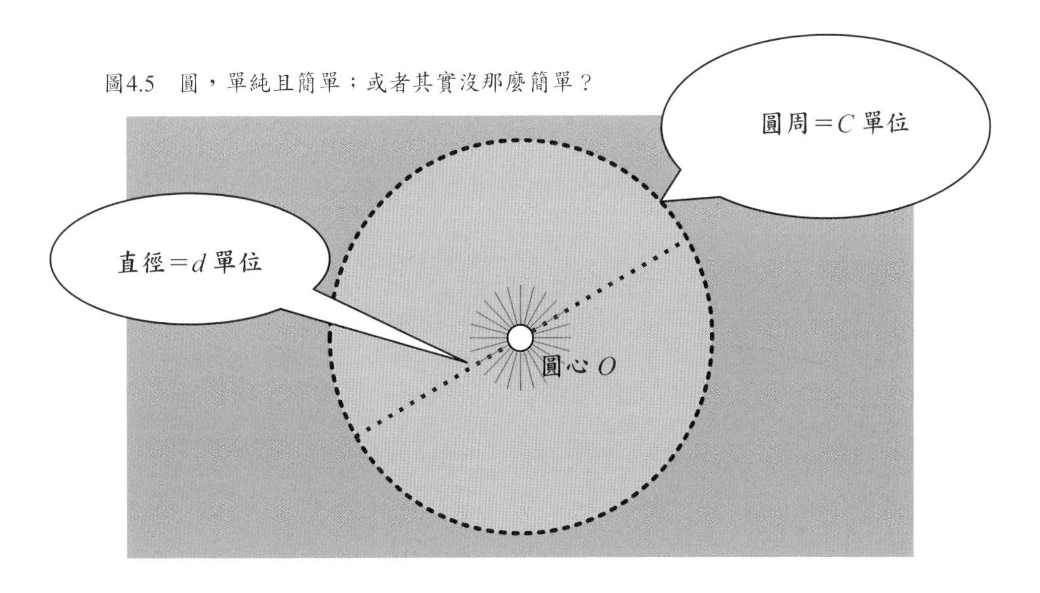

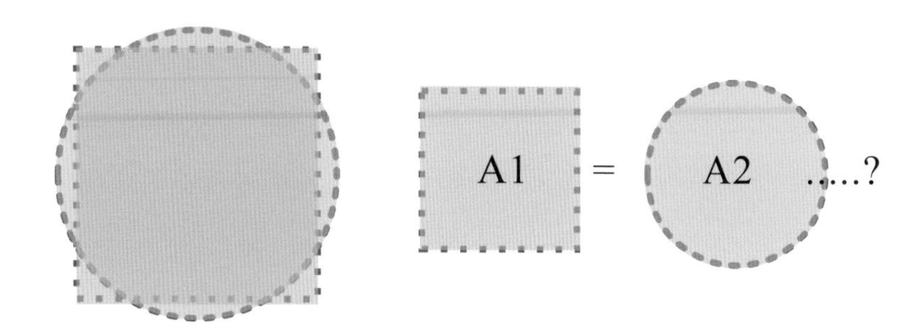

圖4.6　圖中的面積相等嗎？我們可以用尺和圓規作出一個與正方形面積相等的圓嗎？答案是……不行！

只能用圓規與直尺？顯然是不可能的，而且在19世紀時，就已經被林德曼（Lindemann）證明為不可能。在圖4.6 中，$A_1 = A_2$嗎？

我們更樂於看到的圓具有雙重性。稍後，我們會看到它起碼具有三重性。因此，我們可以問：如果這個圓有圓心（而且它真的有，因為那就是我們畫圓時，圓規所放的位置），那麼它真的有圓周嗎？如果它有**內部**，那麼它有**外部**嗎？

如果把圓想像成一個球面的中央截面（圖 4.7），那麼我們也可以問這球面的內部與外部。線索就在於此球面無限地縮小，直到我們想像的變成一個點。現在，想像它無限地擴大，那麼這球面會擴展成什麼樣子呢？它會變得越來越平坦。就在兩個方向上，向左與向右。再將它無限延展，不，不是**接近**（near）無限，而是**到達**(to）無限，它就變平坦了。然而，它還是同樣的球面。極線（polarity）的概念開始隱約出現。球面本身（無論其大小）存在於**極點**（pole）O 及（或說）平面 o 之間。在此我所能提醒的就只有這麼多了。在柏拉圖立體圖形的主要課程中，五個多面體的極線本質也會出現。

當圓在無限遠處時，看起來就像趨近於一條直線。這是值得思考的，但學生在這個時期不喜歡這種顯然的矛盾。儘管如此，我們的球面還是無處不在。像是太陽、月亮、金星和氣泡（圖4.8）！

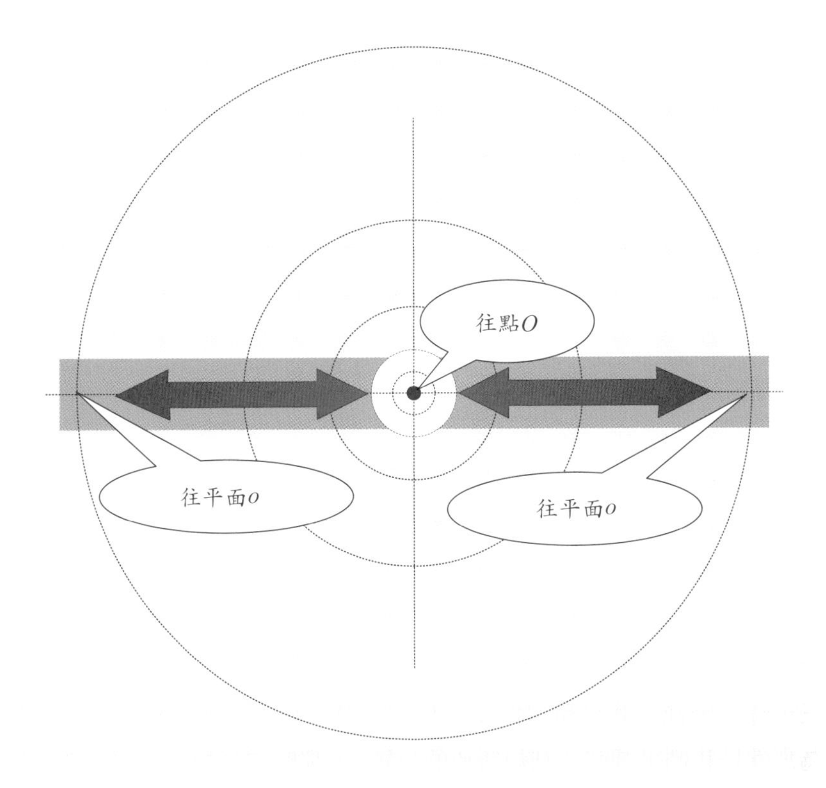

▲圖4.7 放大與收縮球面

➤圖4.8 瑞秋與繽紛的球形氣泡

現在，簡要地探索一般的書都怎麼寫即已足夠。譬如，對於給定的圓（指圓周與直徑彼此已是配對好的一種固定關係式），如按圓周及直徑來描述，究竟是什麼關係式？

圓周與直徑

到一個班級做這樣的關係式的預測，便可以清楚明白。就細心的度量來說，它也是有用的演練，然後為整個群組做簡單的統計。

練習十五：直徑與圓周長、一種實驗進路

一、找一個罐子、瓶子或果醬罐（瓶底最好是平的）。為了方便，再準備一條 40cm 長的細繩。

二、用膠帶固定細繩的一端於罐子的中間位置，使得細繩與罐子的軸線成直角。並在膠帶與細繩的交接處，標註一個記號（綠點）。

圖4.9

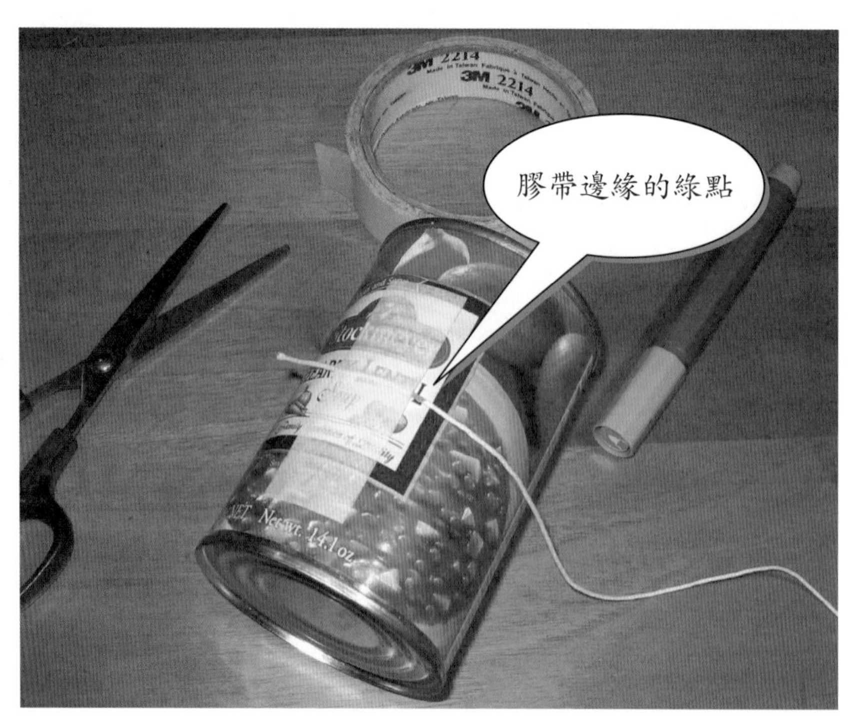

圖4.10

三、用細繩繞罐子一圈，並疊合於膠帶旁第一次標記處，然後標記第二點。

四、展開這細繩並撕下膠帶。

五、細心地測量兩個標記之間的長度。它將是這罐子的周長 C。

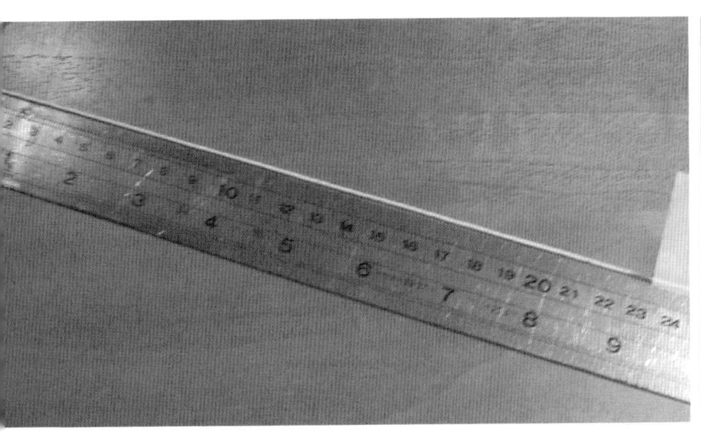

圖4.11, 4.12

六、細心地測量罐子的直徑 d。（需特別注意重疊邊緣）

七、將這些測量值記錄於表格中，就像下表。將圓周長 C 除以直徑 d，並記錄這些值。如果班上有大小不同的圓形罐子，對於獲得結果的範圍會更好。

名字	圓周 (C cm)	直徑 (d cm)	$C \div d = k$
JB	23.2 cm	7.3 cm	23.2 ÷ 7.3 = 3.18

在這個活動中，我的答案是$k = 3.18$。換句話說，這圓周長大約是直徑的3.18倍。從所有答案來看，這大都是合適的。還有其他的方法找出k值是多少嗎？阿基米德是這麼想的。他生於大約公元前 300 年的西西里島。他計算出這數字 k 的上、下限。

阿基米德應用多邊形的進路

他採用幾何進路，也稱為**窮竭法**（method of exhaustion）。下面一些較簡單的練習，就是概要說明。

練習十六：粗略估計直徑及圓周與正方形的關係式

給定一個直徑10cm的圓，要找出一個圓形的外切多邊形周長，以及圓形的內接多邊形周長。令此多邊形為一個正方形，那麼，對單位直徑來說，圓周必須介於這兩個多邊形之間。

一、畫一個以 O 點為圓心，10cm 為直徑的圓。

二、再分別畫出圓 O 的外切正方形以及內接正方形，並畫出對角線，如圖所示。

三、測量這兩個正方形的每一個邊長。如果作圖夠精確，那麼，外圈的正方形周長將接近 40cm。內圈的正方形周長將接近28cm。

圖4.13

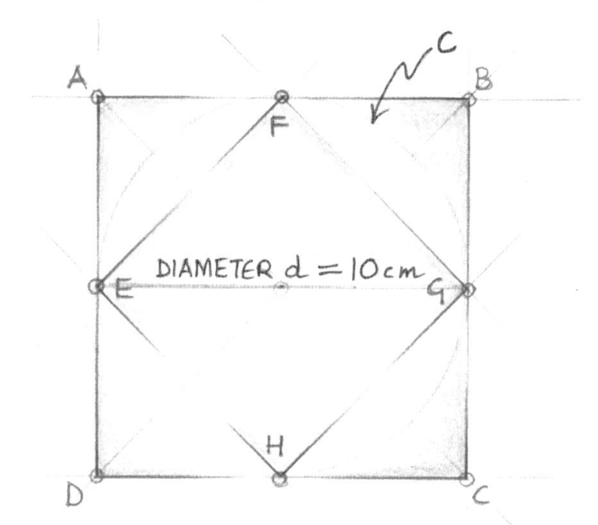

四、假設此圓的周長，即圓周長，是 $10 \times C$ 單位，那麼，我們可以寫成（如圖所畫）：

$$28.43<(C\times 10)<40.2$$

現在，將不等式同除以10（使得直徑化為10/10=1單位）

$$\frac{28.43}{10} < \frac{(C \times 10)}{10} < \frac{40.2}{10}$$

我們得到：

$$2.843 < C < 4.02 \qquad \text{當直徑} = 1 \text{ 單位時}$$

所以，我們知道我們的魔數，就介於2.843以及4.02之間。這不是特別地有用，因為我們甚至只憑藉經驗，運用細繩與罐子就得到3.18值。我們可以做得更好嗎？阿基米德就用了（正）多邊形方法求圓周率，他運用了邊數更多的多邊形，甚至用到了外切九十六多邊形及內接九十六多邊形。

練習十七：使用內接正六邊形與外切六邊形估計直徑與圓周的關係式

一、畫一個 $d = 10\text{cm}$ 的圓。

二、以與半徑相同的長度將 A 到 F 標示出來，如圖所示。

三、平分 $\angle AOB, \angle BOC$ 等等的角，並置入一個正六邊形於圓內，如圖所示。

圖4.14

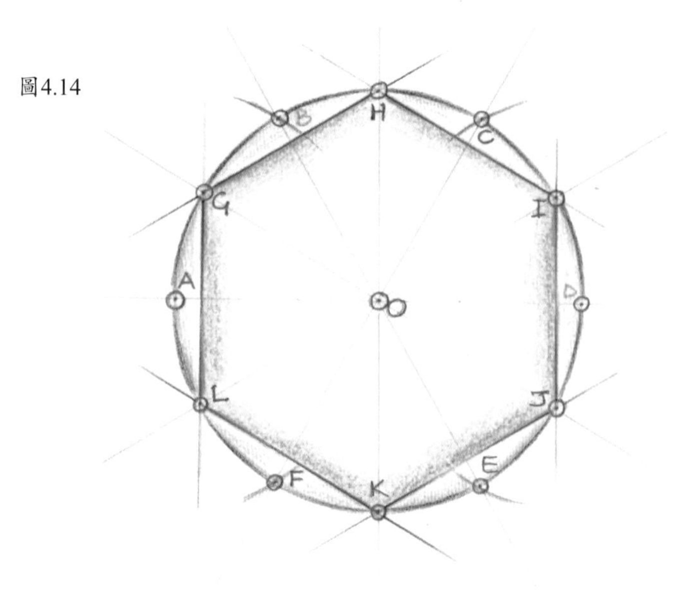

4. Determine a tangent to the circle at G by drawing a perpendicular to line GOJ, a diameter.

5. This tangent line cuts BOE at a point N and AOD in M. Set compass at radius OM and draws a circle at center O.

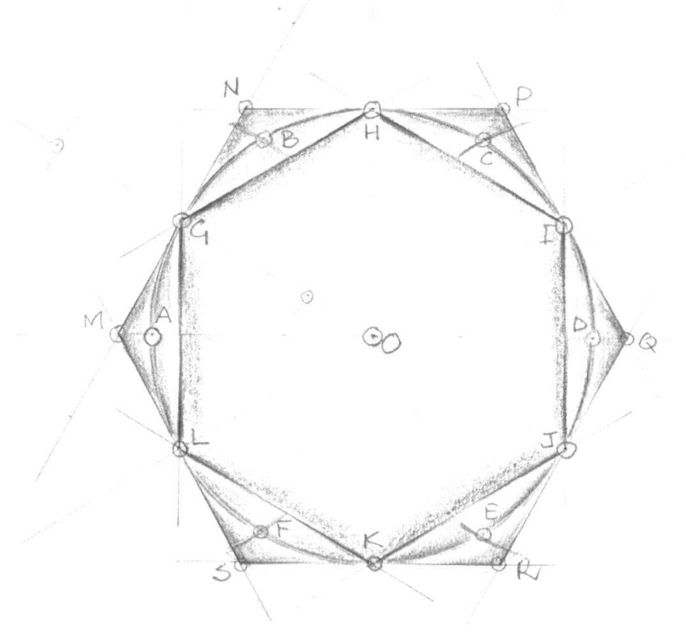

圖4.15

四、作一條通過 G 點與圓相切的直線，此切線與直線 GOJ（即直徑）**垂直**。

五、這條切線與直線 BOE 及直線 AOD 分別相交於 N、M 兩點。用圓規以 O 為圓心，OM 為半徑畫一圓。

六、連接 M 點到 N 點，這是外切正六邊形的一個邊長。接著，畫出剩下的 R、Q、R、S 各點。

七、進一步完成外切六邊形的另外五個邊。

八、度量外切六邊形的每一邊長，並將所有的邊長相加，得到**外切**六邊形的總周長。度量內接六邊形的每一邊長，並將所有的邊長相加，得到**內接**六邊形的總周長。

九、將這些值如下表示：

內接六邊形的總周長 $<(C\times 10)<$ 外切六邊形的總周長

另一種方法是**運用計算**（to calculate），在這相對簡單的案例，這是可能的。所以在這個案例中，我們可以運用計算值來檢驗我們的度量。

練習十八：計算內接六邊形與外切六邊形

一、從內接正六邊形中截取一個三角形 OIJ。注意圓 O 半徑就是直徑的一半，也就是 $10/2=5$cm。

二、因為三角形 OIJ 是等邊的（透過圓規置於相同半徑的尺規作圖），所以，鉛垂線段 IJ 也是 5cm。

三、但是，IJ 是內接六邊形的一個邊長，所以，這內接六邊形的周長等於：6×5cm $=30$cm

四、外切六邊形周長的計算就比較有一點複雜。過 O 點作 IJ 的垂線，並交直線 IJ 於 T。

五、現在，形成一個直角三角形 OQI，當 $\angle OIQ$ 為直角時。注意 IT 是 IJ 長的一半，即 $5/2=2.5$cm。

圖4.16

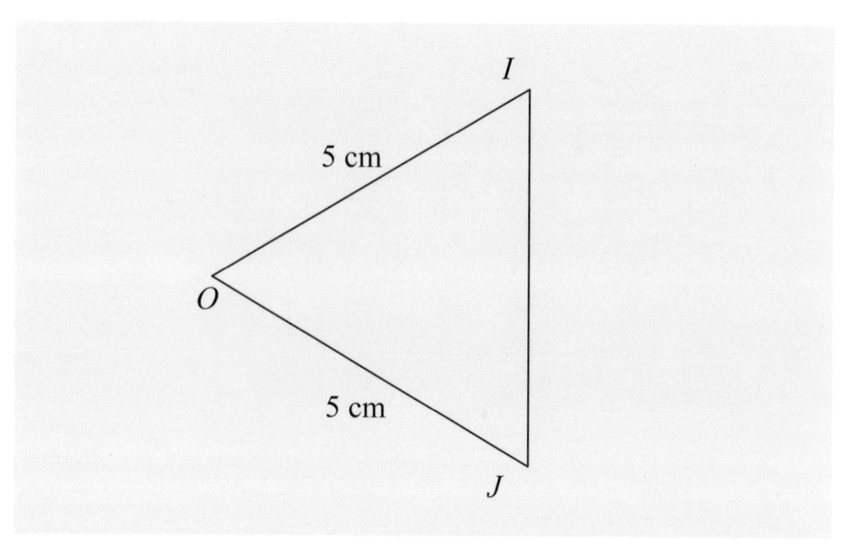

圖4.17

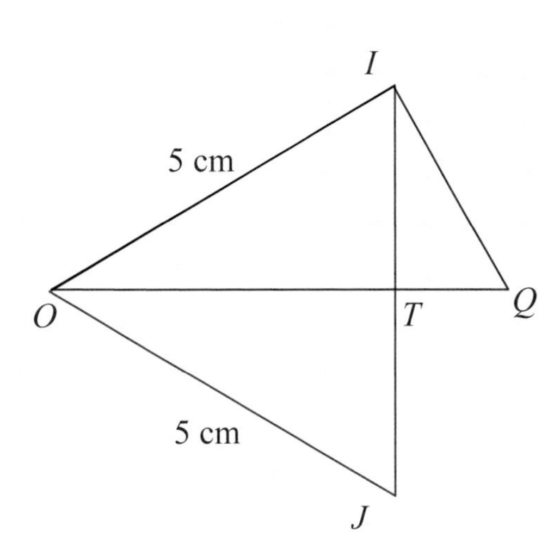

六、利用畢氏定理 $a^2 + b^2 = c^2$ 計算 OT 的長度

$\overline{OT}^2 + \overline{IT}^2 = \overline{OI}^2$　或 $\overline{OT}^2 + 2.5^2 = 5^2$

因此，$25–6.25 = \overline{OT}^2$　，所以，$18.75 = \overline{OT}^2$　得 $4.3301 = \overline{OT}$

七、現在，要找出 IQ 長度。這必須要使用到 ΔOIT 以及 ΔOQI 兩個**相似**三角形性質。因為相似，所以對應邊成比例，也就是 $\overline{IQ} / \overline{IT} = \overline{OI} / \overline{OT}$，然後，代入已知值，得

$\overline{IQ}$ / 2.5 = 5/4.3301，$\overline{IQ}$ = 2.5×（5/4.3301），或 $\overline{IQ}$ = 2.8867。

八、但是，$\overline{IQ}$ 是 $\overline{PQ}$ 的一半，而且 $\overline{PQ}$ 是外切六邊形的邊長，

所以 $\overline{PQ}$ = 2×2.8867，因此，$\overline{PQ}$ = 5.7734

九、也就是說，外切六邊形的總周長是 6×5.7734 = 34.640。

十、結論：30 < (C×10) < 34.640，同時遍除以10，得：

$3 < C < 3.464$

所以，當 $d = 1$ 時，C 值介於 3 到 3.464 之間。

用正八邊形來計算

最後，針對八邊形（圖 4.18）度量得到：

$30.4 < (\pi \times 10) < 33.2$

在這例子中，將π取代C這符號。所以：

$3.04 < \pi < 3.32$

也就是說，阿基米德發現使用九十六邊形來計算時，C 必會介於 $3\frac{1}{7}$ 到 $3\frac{10}{71}$ 之間。

這是一個偉大的成就，而且就大部分的用途而言，其精確度已綽綽有餘了。如果我們取下列兩數的平均值：

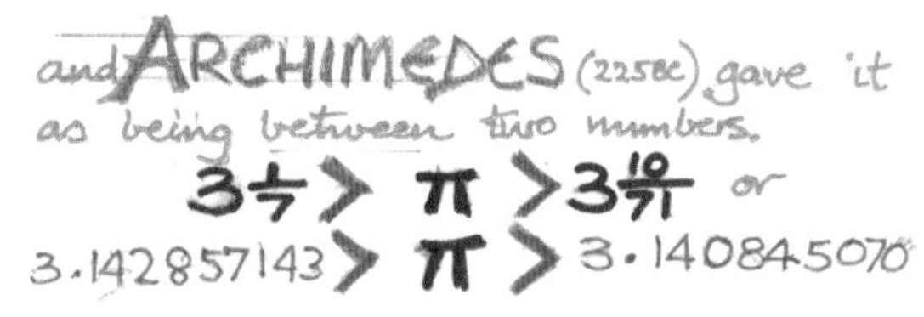

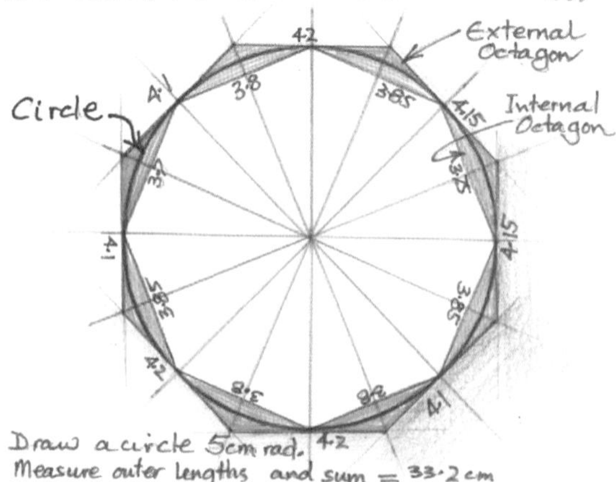

圖4.18　八邊形（圖說文字中譯，參見P.221）

$3\frac{1}{7}=3.1428571428571...$（這個小數點後第7位開始循環的小數）及$3\frac{10}{71}=3.1408450704225$，亦即：

$(3.1428571428571+3.1408450704225)\div 2=3.1418511066398$

將發現它已精確到小數點後第二位，就是3.14。僅僅這樣，就足以說明可以為 π 做的事真的很多。

π 的命名

圓周與直徑的比一直都沒有被命名，直到1700年早期（Denis Guedj 1996, 100），它才被賦予 π 這符號，是取自希臘字 periphery（Gullberg 1997, 85）的第一個字母（一般發音是 pie）。

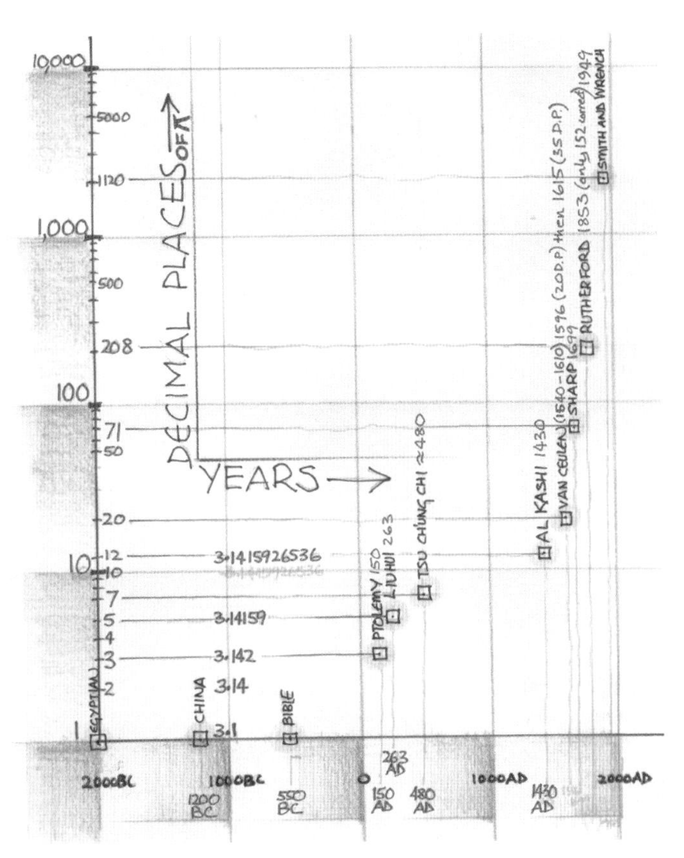

圖4.19　在過去四千年中，被記錄的情況為何？

「1706年時，英國數學家威廉瓊斯首次用符號 π，真正代表了圓的圓周長與直徑的比」。(Posamentier & Lehmann 2004, 67) 接下來，就歸功於著名的歐拉在1748年將它普及。它需要一個名字，因為直到1706年以前，「吾人必須對下列古怪的拉丁文措辭表示滿意： *quantitatis in quam cum mulitplicetur diameter, provenient circumferentia*。它意指，『這個數量，當直徑乘上它時，就會得出圓周。』」所以，π 是值得讚揚的簡寫方式。

在17世紀早期，π 一直被稱作魯道夫數（Ludolphian number），因為魯道夫（Ludolph van Ceulen）計算 π 近似值到小數點後第二十位數。

π 的遞增精確度

π 的近似值目前已知到了非常多的小數位數，但最常見的近似值還是3.142或3.1416。在圖4.19中，針對曾經企圖決定我們今日稱為 π 這個比（ratio）的人，我們列出一份小小的名單。

許多近似值已經流傳很長時間，這裡只顯示一小部分。即使在《聖經．舊約》中，也有一個故事說明這個比：「於是，他鑄了一個銅海、樣式是圓的、高五腕尺、徑十腕尺、圓周長三十腕尺。」(《列王紀》上篇7: 23)（譯按：腕尺指古時一種量度，自肘至中指端，長約18-22英寸。）

這樣的敘述很像是在說明一個直徑為十腕尺的圓，圓周會是三十腕尺。我們相信《列王紀》作者認為 π 有著三的等級。那麼他所描述的將會是一個相當大的碗。

我們並未試圖掩蓋今日的努力，像利用電腦計算 π 這個比到小數點後**十億**位數。我不確定這件事的意義！似乎在數字 3 的後面，沒有一個可以察覺到的模式。不過，如果這可以計算，那麼在算則（algorithm）本身應該會有模式。在Blatner, Gullberg & Posamentier的著作中，就列出了一些像這樣級數（展開式）模式的例子，其中 π 是：

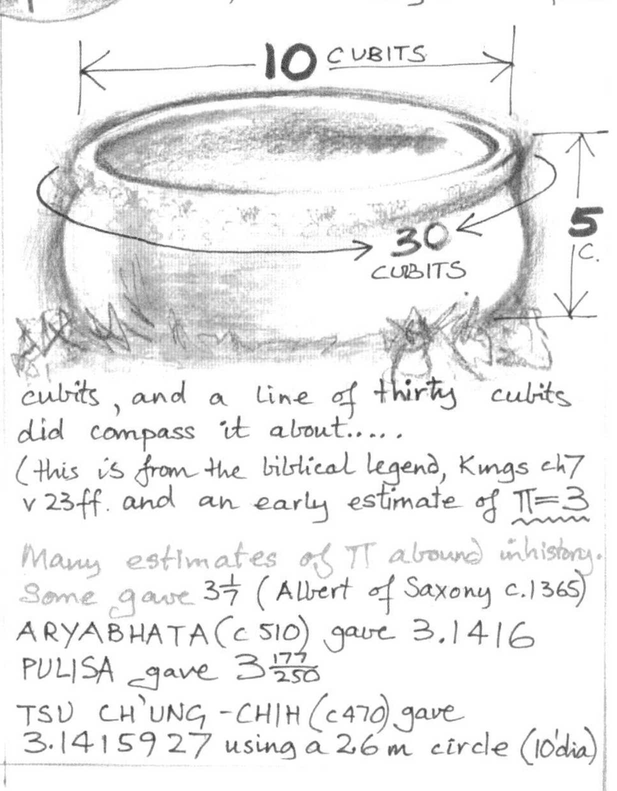

圖4.20　一個30腕尺長的線度量它的周長（圖說文字中譯，參見P.221）

$$\pi = \frac{2}{\sqrt{\frac{1}{2}} \times \sqrt{\frac{1}{2}+\frac{1}{2}\sqrt{\frac{1}{2}}} \times \sqrt{\frac{1}{2}+\frac{1}{2}\sqrt{\frac{1}{2}+\frac{1}{2}\sqrt{\frac{1}{2}}}} \times \cdots\cdots}$$

出自 1593 年，法國數學家韋達（Vieta）

$$\pi = 2\times\left(\frac{2\times2\times4\times4\times6\times6\times8\times8....}{1\times3\times3\times5\times5\times7\times7\times9....}\right)$$

出自1655年，沃利斯（Wallis）

$$\pi = 4\left(1-\frac{1}{3}+\frac{1}{5}-\frac{1}{7}+\frac{1}{9}-......\right)$$

出自英國數學家格力固里（Gregory, 1670），以及晚一點的萊布尼茲（Leibniz, 1673）

像這樣多種不同級數與公式，卻給了我們**相同**的值，實在很有趣。前文已經提過，從早期的希臘時代，像這樣一個可用多種方法找到、卻沒有可辨識的模式的數（按：π），代表了曲線型和直線型之間、神與人之間，以及圓形與方形之間的一種連結，而這概念可能有著特殊意義。至少從古希臘人想要化圓為方以來，這就已經困擾著人類社會。

圓周

在苦苦思索這個特殊的值和關係式之後，我們可以在實證方面再次檢查。圖4.21列出多種圓形物體的實例。

倘若這關係式如下：當直徑是 1 單位時，圓周就是π單位，則最終可以寫成：

直徑 ： 圓周

$1 : \pi$

二邊同乘d

$d : d\times\pi$

但$d = 2\times r$，因此：

$2\times r : 2\times\pi\times r$

或者就像一般所表示的

$$C = \pi\times 2\times r$$

或者更加簡化成：

$C = 2\pi r$，C就是半徑為 r 單位的圓周

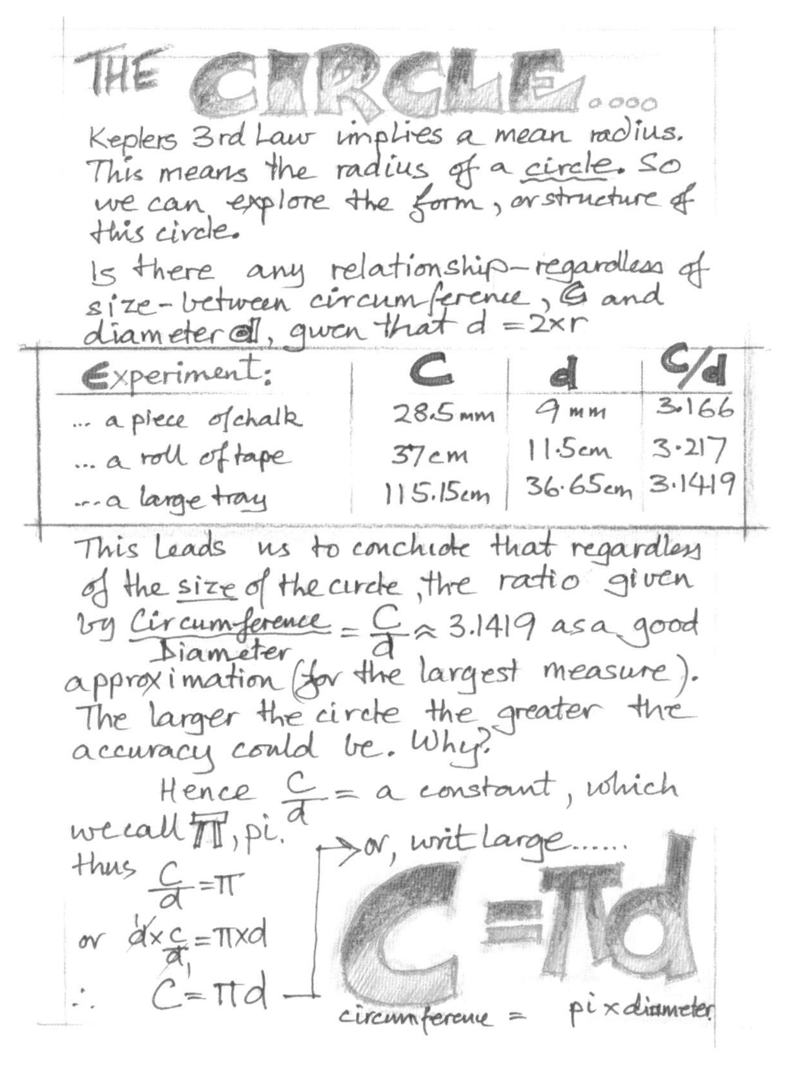

圖4.21　圓的圓周（圖說文字中譯，參見P.221）

這是一個值得記住的小小構式（little formulation），而且 πr^2 經常讓學生混淆。還有其他為了處理圓面積的小構式，而我們現在就要處理這些問題。假如圓周和直徑（或半徑）的關係會引起這樣的困惑，不意外地，用這個奇怪的數目去計算面積也不會簡單到哪裡去。

我們就從一個練習開始，使用剪下的硬紙板圖樣。

練習十九：找出圓面積的近似值

這將是非常容易做到的，如果我們可以化圓為方。但是我們不能（當林德曼證明 π是超越數時，就已經證明做不到了）。超越數在這裡的意思，是指它不能是任何一個整係數代數方程（由有理數與有限多個單項式所構成）的一個根，或者是一個解。

取一個圓，把它剪下來，重新排列成近似於長方形，然後計算。簡單。這就是圖 4.22的概要。

一、畫一個半徑為4cm的圓。

二、將圓分成十六等分（也就是先分成四等分，再將這些四等分對分，然後再一次對分，並使用在七年級所學的角平分線作圖法精確完成）。每一個扇形的尖點處的角度，都應該是 $22.5°$。

三、重新排列這十六片，排成的形狀像是一個平行四邊形。

四、這個平行四邊形就會有一個近似$r$cm的高（在這個例子中4cm）。它也會有一個底邊是圓周一半的長度，或者 $C=\frac{2\pi r}{2}=\pi r$。

五、當一個平行四邊形的面積是 $A=$底$\times$高，也等於$b\times h$，因此 $b=\pi r$，又 $h=r$，可得 $A=\pi r\times r$，或者我們可以說：

圓面積 $A\cong\pi r^2$（$\cong$指近似等於）
所以，這個特別的圓面積就是 $A\cong\pi\times 4^2$，或者
$A\cong\pi\times 16$，$A\cong 16\pi\ \text{cm}^2$。

如果我們可以作出足夠窄的扇形，那麼，上述的作法將會讓我們更趨近於長方形，如此，面積就會是 $A=\pi r^2$ 了。

$A=\pi r^2$，其中A是面積，r是半徑。

The ratio $\frac{C}{d}$ (circumference/diameter) has been assumed to be constant from early times. Estimates have been found in early Egyptian measurement (~1650 B.C) and early Babylonian problems (~960 BC).
We know the $\frac{C}{d}$ is constant for any sized circle and we call the constant π. Pi is the letter in the Greek alphabet for P and it was chosen because it is the first letter in the word περιφερεια (PERITHERIA) which is the Greek word for circumference.
π is a special number: it is irrational (cannot be written as a fraction). In decimal form it does not terminate, nor does it recur. It belongs to a group of irrational numbers called TRANSCENDENTAL numbers. It has been a source of fascination to mathematicians for centuries. Modern computers can calculate π to many 1000's of decimal places in a matter of minutes, whereas it took Ludolph van Ceulen of Germany (1540-1610) a large part of his life to calculate π to 35 decimal places, using polygons having 2^{62} sides. In Germany, π is commonly called the Ludolphian number.

3·14159265358979323846264338327 9.......

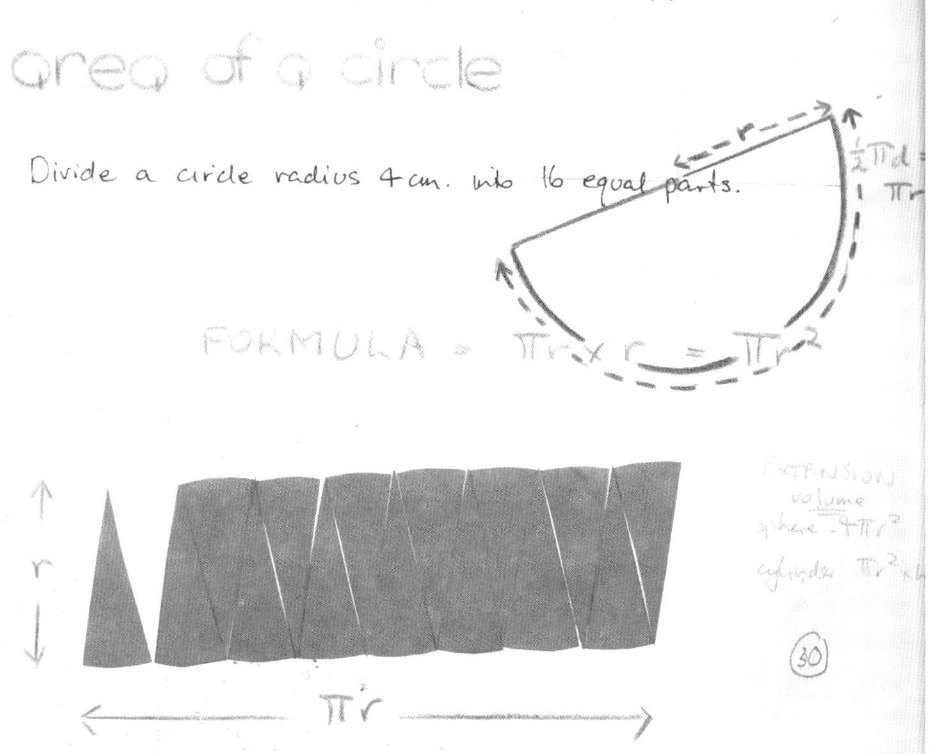

圖4.22　一個圓分割重組後的圓面積，近似於一個長方形的面積
（圖文由 Anne Jacobsen 所提供）（圖說文字中譯，參見P.221）

微小、中等及巨大的尺寸

可以這麼說，輪子是中型尺寸（mesoscale）。它是在微觀與巨觀中間的某處。在微觀層面上，現代世界運用光之波長的微小週期，來定義公尺的長度。每個單一秒有792458299這麼多的（光波之）振盪。這對木匠來說，這不是一個實用的定義！但物理科學家需要它來進行特別的研究。這似乎是無關緊要的，因為我們可以體會的事實，是每秒差不多有一次心跳。這樣的測量層次我們才可以感覺到。這種測量具有人的（比例尺）觀點。

在巨觀層面上，天文學家告訴我們，有個巨大的週期，表現在巨大的螺旋銀河系偉大的慢速旋轉。據說太陽是穿越銀河系運動，天文學家霍伊爾（Hoyle）敘述說：太陽是以每秒150英里（或240公里／秒）的速度穿越銀河系。這個數字也超乎我們的理解力。

所以週期和節奏有各式各樣的尺寸，與速度的測量有很大的差異。音樂的核心是節奏，或者節拍（有時幾乎要排除所有其他的聲音；如果你聽過車子音箱發出的躁音）。這些都是物理世界的節奏。這表示生命的祕密**也是**一種節奏，另一個層次的節奏。這裡指的節奏完全不同於機械式的打擊，而是在任何週期中，質的差異所帶來的不同，不僅僅是重複。透過週期產生變異。想像一下橢圓。當我們行經它的路徑時，可以想像速度的變化。就像克卜勒所發現的行星運動，速度快的在橢圓的一端，速度較慢的在橢圓的另一端。現在要回到簡單的圖形。

圓形

圓形（或者環形）可被視為在時間中轉動的輪子，在空間中的一種形式：在空間中是圓形，在時間中則是週期。好比我們不經意地瞥見太陽時，就看到了圓形，而月亮的圓形又更容易見到。

圖4.23　太陽前面的金星。艾瑞克（Erik T，現為澳洲科學與工業研究組一員）把金星的影像投射在紙上。

圖4.24➤

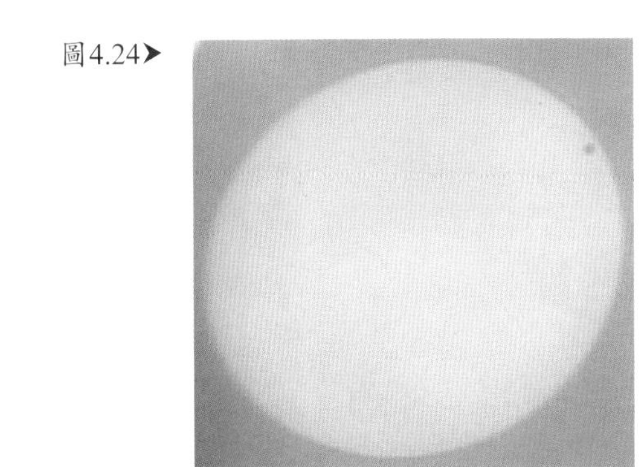

圖4.25▼

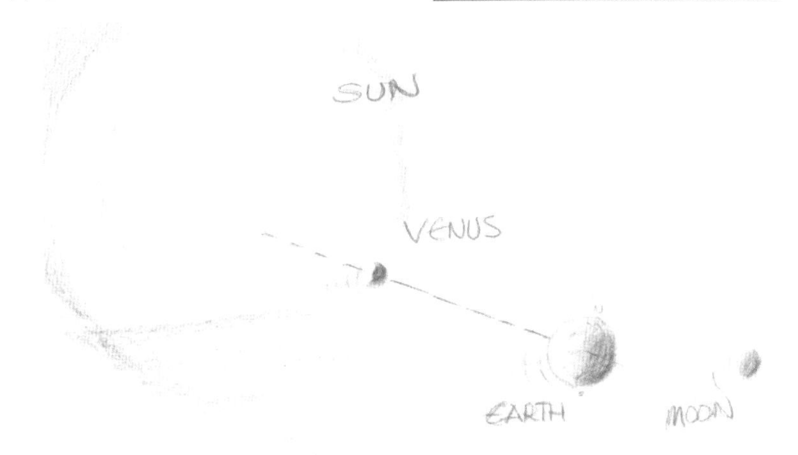

這也就是18世紀後期那些年，在太平洋上的庫克船長曾下令觀察的（金星凌日）事件。罕見嗎？是的，但那不過就是一個規則與週期事件，讓學生知道這些事情是很重要的。它們提醒我們偉大的節奏要深留記憶中。（圖4.26）

金星凌日

凌日報導者　JB 撰寫

如果今天的太陽是明亮的，而且有一點點的雲，這樣我們應該就能夠把太陽的影像投射到一個螢幕上，並且觀察行星金星的變化（大約是太陽的1/30大小），從 3:07pm 直到下午將近日落，今天星期二，2004年6月8日。

沒有透過任何的光學設備，絕對不能直視太陽。

今年的金星凌日位在太陽圓盤的上半部，（見下圖鑲嵌處）。它出現時，像是一個黑點緩慢地穿越太陽。開始接觸到太陽時，是在下午3:07分，到它完全在太陽之上，幾乎又花了二十分鐘。它與水星相比，真的像是一個很慢的拖車。下一個凌日將會在幾年後的2012年。從1882年開始，你在今年（按：2004年）之前未曾見過。如果你現在是六年級，當它下一次再次出現時，你已離開學校了。

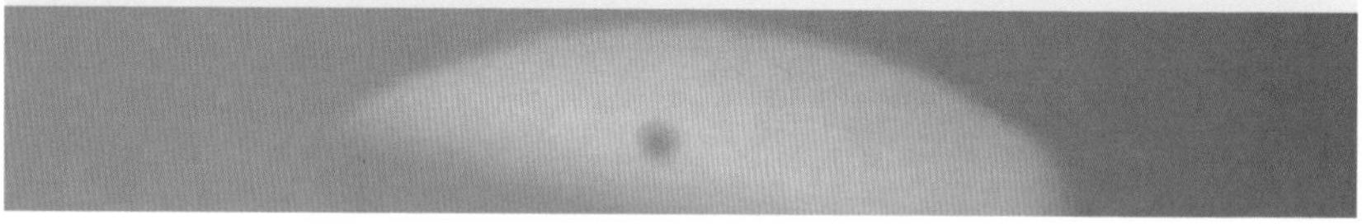

圖 4.26

金星所花的全週期的時間，是不需要任何宇宙學理論來確定的，至少不需參考地球的相關理論。我們只要簡單地注視天空。因為金星有一個週期，幾千年前的觀察者就已有所記載了。這個週期轉換為0.615 個地球年（224.701 / 365.256 = 0.615）。我們知道地球的週期也是透過實際的觀測。大約365.256天，這是憑藉經驗的。這就是透過時間所看到的所有周而復始的四季運行。

這裡有兩件事：在空間中，就是太陽與金星的圓盤；在時間中，就是金星凌日的週期節奏。

白天、夜晚及內布拉星象盤

日復一日，年復一年，如此地周而復始……然而，「一天」的長度卻從不相等。這是任何一位生活在溫帶至高緯度的人都知道的事。我記得我在英格蘭南部當學徒時，時值冬日，我們上班時天總是黑的，下班時天還是黑的。當時常聽到的玩笑是：如果你一眨眼，可能就會錯過太陽（在一個無雲的晴天）！而這還只是在大約北方50多度的地方。這和太陽是在何時、何處升起相關。因為太陽升起時籠罩地平線的範圍相當廣，而這當然取決於緯度。

不久前被發現的青銅時代的工藝品，我們從其素描（圖4.27）可以發現它是多麼了不起。一群東歐的寶藏收藏迷發現了這個令人好奇的工藝品，它被認為是青銅時代的文化所展現的一種新觀點。如果它不是偽造的（真實性被挑戰是無可避免的），就暗示著那時候的人已經有了天文學，它被稱為內布拉太陽盤（Nebra sun-disc）或星象盤。

它的直徑三十二公分，並有若干的說明。左邊的金色圈代表太陽（或白天），右圖代表著新月（或夜晚）。七個小圓圈可能代表昴宿星團的群星。下方的弧線代表著「天空之船」，帶領我們從黑夜到白天，如此周而復始。這是許多平行發展的文化，共有的一種主題與符號。

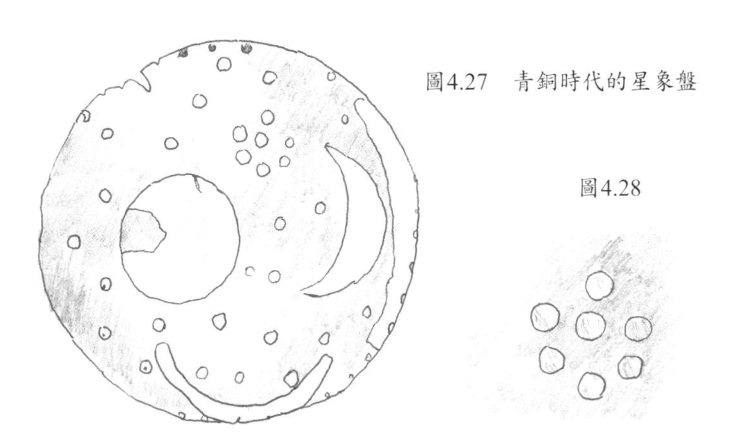

圖4.27　青銅時代的星象盤

圖4.28

*神話中記載這些存在的群星共有七個——阿特力士（Atlas）的七個溫柔的女兒。但是用裸眼看去，一般只看到昴宿星團的六個。這引出了一種想法，即群體之一已經開始變暗淡或漸漸失去了。在很多文化的神話中，這個「消失的昴宿星團」，一直流傳到現在。Davidson, Norman (1993), *Sky Phenomena*, p. 17。

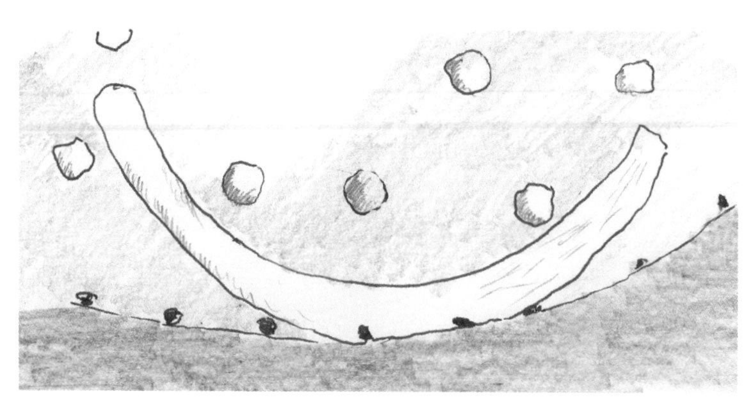

圖 4.29

左、右兩側邊緣的圓弧代表這一年中，這件工藝品被挖掘的位置的日出和日落的**範圍**。（見圖 4.30）

這個角度被解釋為：一年之中，在特定的緯度內，日出和日落 跨的角度範圍。古人（約2000 BC）在當時應該已經知道這些事，著實令人訝異。這片圓盤上的角度是82°，就跟它被發現的緯度位置一樣。圓盤中其他的小金圈可能是其他的小星星嗎？值得思索！

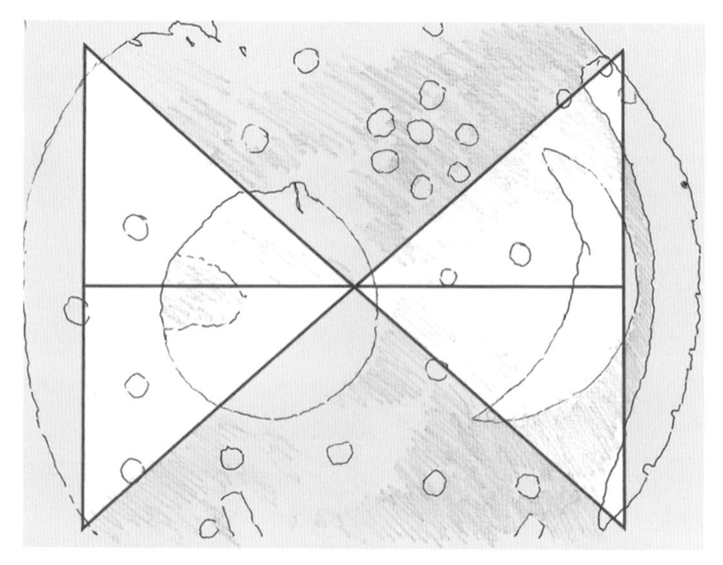

圖4.30 兩個弧度大約是82°。它們的中心甚至可能是在「太陽」影像的邊緣

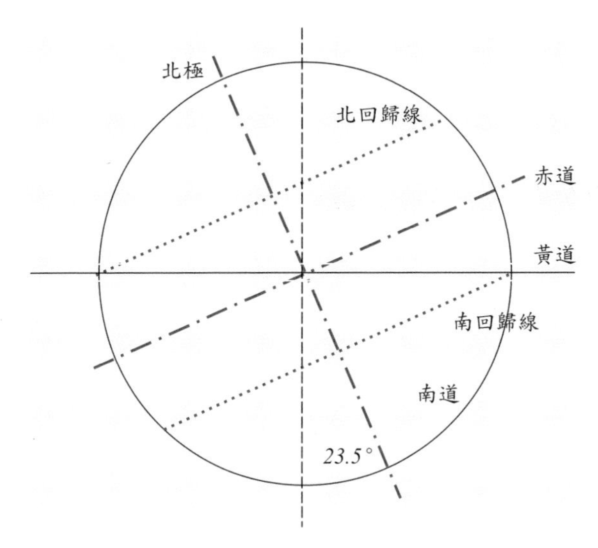

圖4.31　地球的傾斜與回歸線

這個角度的擺動是由於地球軸心的軌道傾斜 23.5°。南北極軸的方向定義了回歸線，北回歸線在北半球，南回歸線在南半球。這些是緯度在地球表面 23.5°、赤道以北和以南的圓圈。

這是因為太陽在南北回歸線之間，是以螺旋方式出現。在北半球的夏季，太陽的升起和落下，是從東北方到西北方，到了冬天，太陽的升起與落下，則逐漸南移。在南半球的季節是相反的，在南半球的夏季，太陽的升起和落下是從東南方到西南方，到了冬天，又變成從東北方到西北方。這就是在太陽圓盤中所代表的角度的擺動。地球定向的這種變化之原生力學（raw mechanics）如下所示。

奠基於哥白尼的當代基本圖像

如果地球的基本圖像如上所構想，那麼我們就明白兩極與垂直軸傾斜成一個角度（圖 4.31）。這個角度被認為是 23.44°。

已有很長的一段時間，這個角度似乎是一個恆定的常數，也就是因為這傾斜變化與黃道有關，才使得我們有了季節的變化。

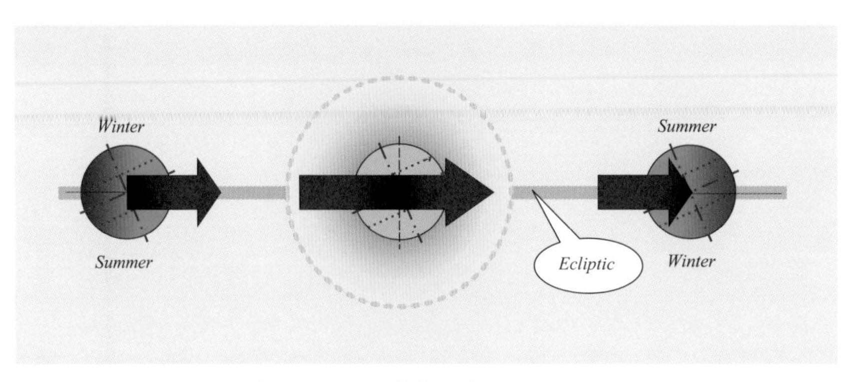

圖4.32　地球傾斜的效應，以及不同季節的產生

季節

在圖4.32中，我們看到地軸傾斜的影響。而在地球繞著太陽軌道的另一邊，季節已慢慢在轉換。如果我們想像夏季的地球是在呼氣，冬季在吸氣，那麼在任何極端時間（譯按：指夏季或冬季），一面的地球在吸氣，另一面在呼氣：「呼氣在一個地方，吸氣在另一個地方。」（Steiner, Rudolf 1923, *The Cycle of the Year*, pp. 2*f*）因此它在相同時間裡既有冬天又有夏天；每半年在不同的半球輪替。

這已經夠複雜了，但不只如此。在這張圖中，它始終在黃道上移動。這是地球的軌道平面（我們必須從某個地方開始），它與太陽的中心相交，而且地球的運動就像其他行星一樣，都是繞著太陽而行。通常從「上面」（北極上方）觀之，被認為是逆時針。從而它被稱為**順行**的（direct）。

地球繞著太陽的橢圓路徑

地球在黃道上運動的路徑幾乎是一個橢圓形（它僅僅只有 0.0167 的偏心率）（圖4.33）。即使如此，還是造成了地球與太陽的距離有時較近，有時較遠。

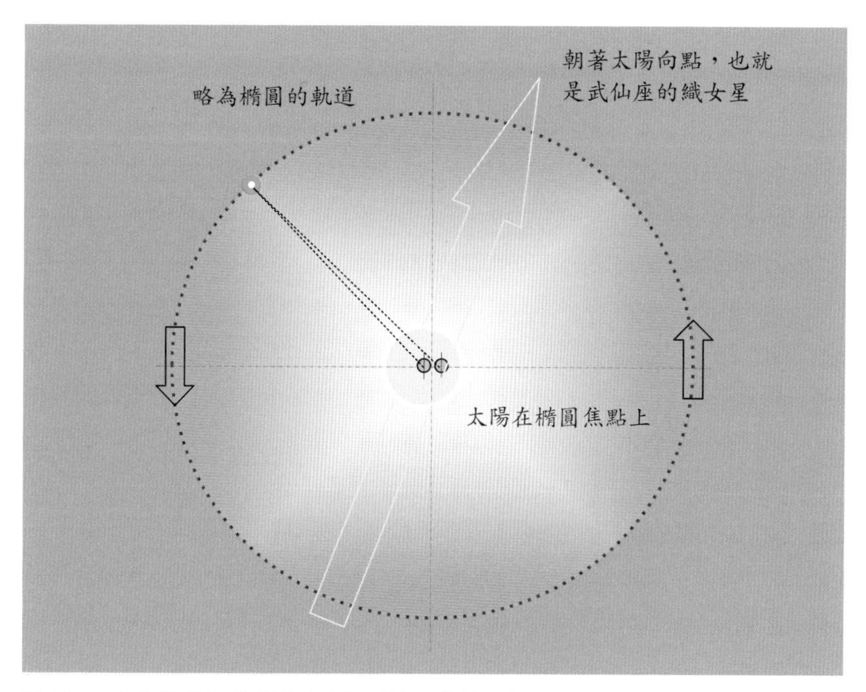

圖4.33　地球繞著太陽的橢圓路徑（偏心率很小）

地球到太陽的最接近距離，稱為**近日點**，距離太陽最遠的距離稱為**遠日點**。近日點在黃道上是向東方向移動，週期約十一萬年。這的確是一個緩慢的運動。

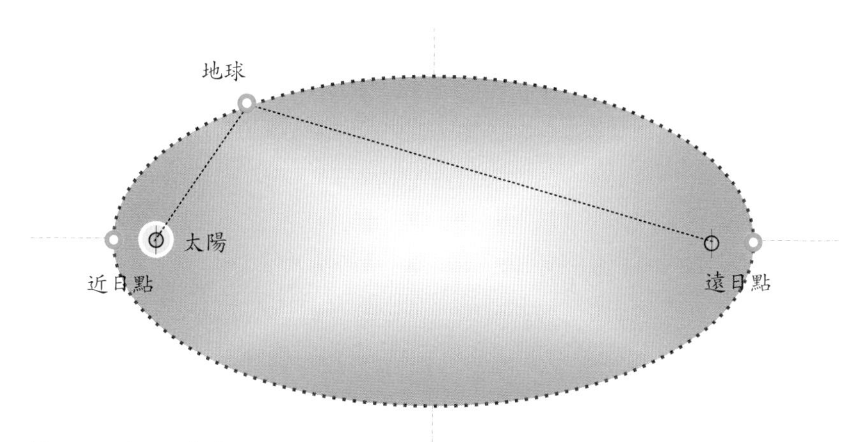

圖4.34　近日點與遠日點

即使是巨大的太陽也被認為朝星座之一運動——而這只是使問題複雜化。這個星座是武仙座，靠近織女星。它被稱為**太陽向點**（solar apex）。與此相反的方向是**太陽背點**（solar antapex）。朝向織女星的速度據說是 19.7 公里／秒。

僅僅為了描述的目的，誇大地球軌道的橢圓性，將可以更清楚說明近日點和遠日點的概念（圖4.34）。

這一切都可算是某種宇宙音樂（cosmic music）。在宇宙、太陽系、地球中，特別是在月球和太陽系中，也都有著令人好奇的關係。

這樣的關係就是克卜勒在行星之間所發現的。其中有三個最為特別。上述所提到的就是，地球遵循一個橢圓形路徑繞行太陽。是誰第一個有這個想法？正是克卜勒（他在1609出版了第一定律，1619 年出版了最後一個定律）。

克卜勒的行星運動定律

克卜勒發現了三個主要的關係。如果我們以一種特殊方式擠壓一個圓，將會得到另一種形式。這種形式被稱為橢圓。橢圓的特殊之處在哪裡？

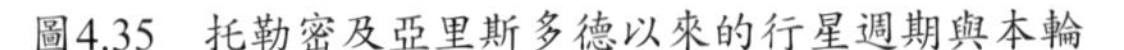
圖4.35　托勒密及亞里斯多德以來的行星週期與本輪

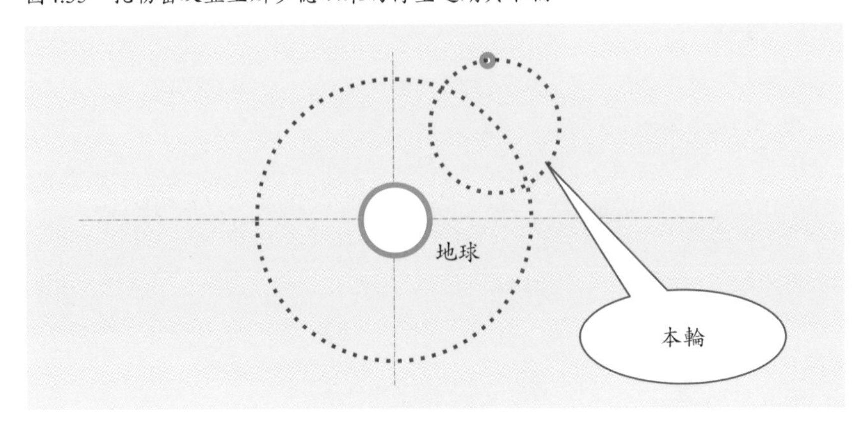

圖4.36

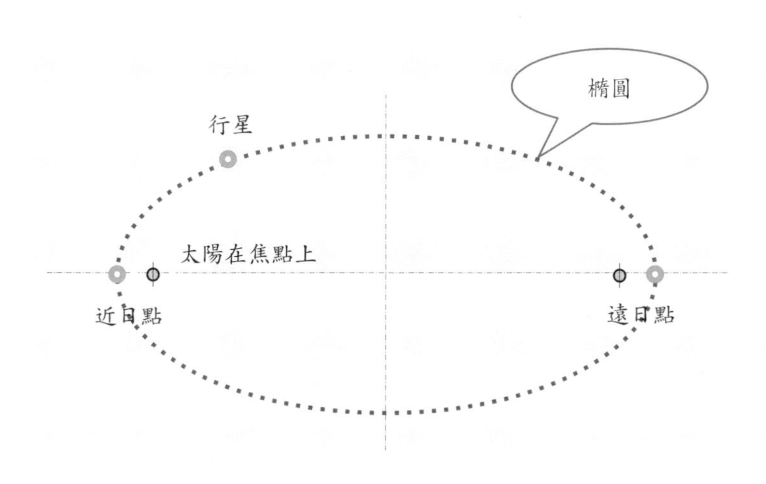

它就是這個特有的地球天體的軌道（如果克卜勒是可信的話），我們正騎在它上面！地球繞行太陽的路徑，被視為橢圓形的。（見圖4.36）

在希臘時期，托勒密和亞里斯多德已經知道行星是繞著地球的圓周運動。雖然行星是在一個本輪上運動，亦即另一圓又在這一圓上（如圖4.35）。然而，為了精確地說明這個運動的不規律性，小圓必須附加在本輪上——這是一個非常複雜的圖像。

然後，1453年，哥白尼展示一個非常簡化的圖形，他將太陽放在圓心，讓所有的行星繞著太陽在周周上運行。這是一個過度的簡化，也留下一些無法說明的不規律性。它使得天才克卜勒得以發現行星以**橢圓**的方式運動，且太陽的中心是在橢圓的一個焦點上。這就是**克卜勒第一定律**。

他發現的**第一**定律是：

所有的行星運動軌跡，是一個以太陽為焦點的橢圓軌道。

圖4.37

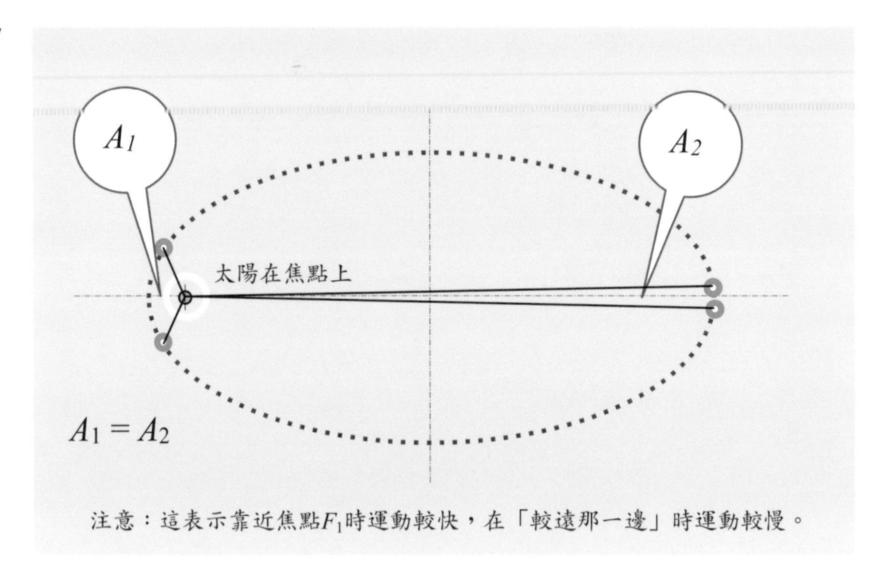

他發現的**第二**定律是：

在相同時間內，行星和太陽連線所掃過的面積相同。

他發現的**第三**定律是：

太陽系內所有行星之橢圓軌道週期 T 的平方，是正比於平均距離 R 的立方。

運用符號，這也可以表示成：$T^2 = kR^3$

$$\frac{T^2}{R^3} = k$$

其中，T 為軌道週期，R 為行星到太陽的平均距離，還有，k 是取決於所使用的時間和距離單位的某個常數。

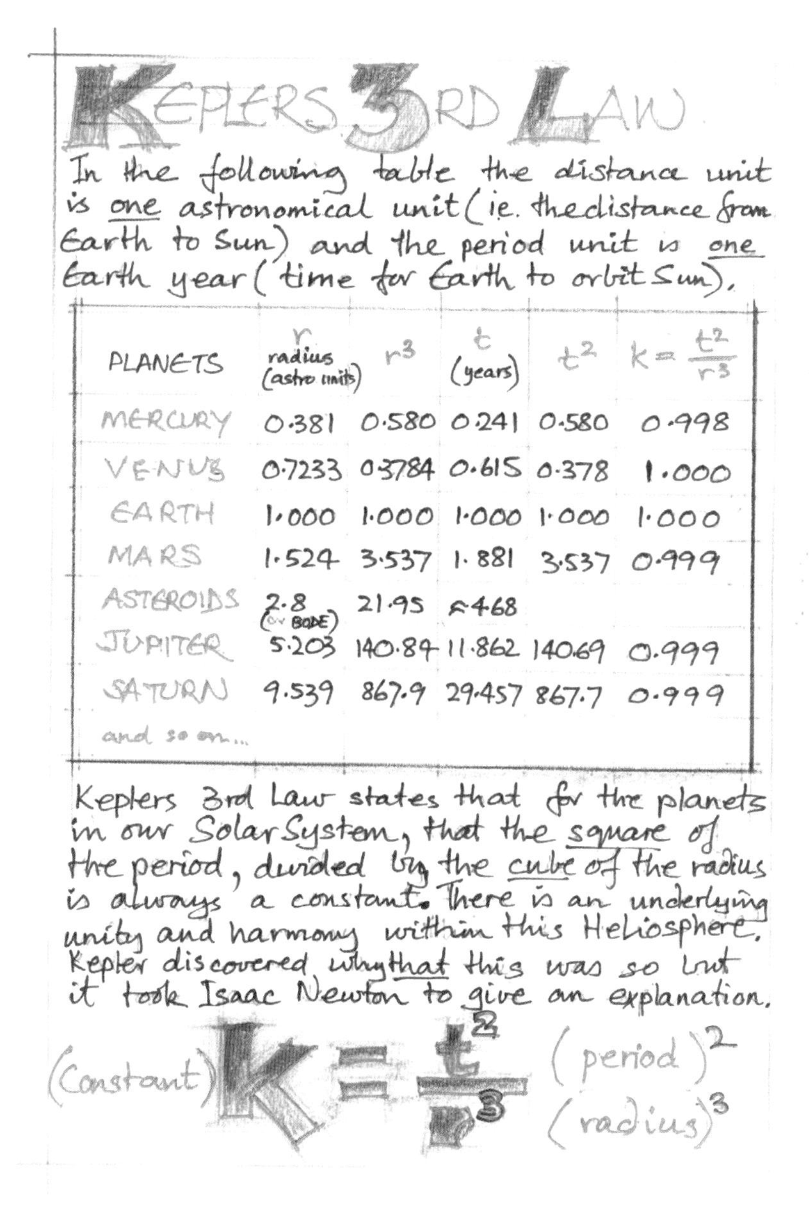

KEPLERS 3RD LAW

In the following table the distance unit is one astronomical unit (ie. the distance from Earth to Sun) and the period unit is one Earth year (time for Earth to orbit Sun).

PLANETS	r radius (astro units)	r^3	t (years)	t^2	$k = \frac{t^2}{r^3}$
MERCURY	0.381	0.580	0.241	0.580	0.998
VENUS	0.7233	0.3784	0.615	0.378	1.000
EARTH	1.000	1.000	1.000	1.000	1.000
MARS	1.524	3.537	1.881	3.537	0.999
ASTEROIDS	2.8 (or BODE)	21.95	≈4.68		
JUPITER	5.203	140.84	11.862	140.69	0.999
SATURN	9.539	867.9	29.457	867.7	0.999
and so on...					

Keplers 3rd Law states that for the planets in our Solar System, that the square of the period, divided by the cube of the radius is always a constant. There is an underlying unity and harmony within this Heliosphere. Kepler discovered why that this was so but it took Isaac Newton to give an explanation.

$$\text{(Constant)}\ k = \frac{t^2}{r^3}\ \frac{(\text{period})^2}{(\text{radius})^3}$$

圖 4.38　克卜勒第三定律（圖說文字中譯，參見P.221）

有一個例子也許很有趣。譬如，比較地球鄰近的金星和火星。

金星：恆星週期 T_V =224.701天，平均距離 R_V =108.21 百萬公里

火星：恆星週期 T_M =686.980天，平均距離 R_M =227.94 百萬公里

所以，$\dfrac{T_V^2}{R_V^3}=\dfrac{T_M^2}{R_M^3}=k$ 是真的嗎？

測試一下：$\dfrac{224.702^2}{108.21^3}=\dfrac{686.980^2}{227.94^3}=k$ ？

計算金星：$\dfrac{224.702^2}{108.21^3}=\dfrac{50490.98}{1267074.6}=0.03984$

計算火星：$\dfrac{686.980^2}{227.94^3}=\dfrac{471941.5}{11842997.3}=0.03984$

因此，在這兩個例子中，$k=0.03984$！試試看其他的行星，即使是小行星。（練習二十二）

首先，我們從某一個觀點來看橢圓——就是讓此程度的學生能夠抓住重點和建立模型。這也算是預覽了九年級的圓錐曲線課程。

了解橢圓的曲線性質的一個好方法，就是將它與圓比較。用一條線、膠帶、鉛筆和紙，就能作出一個橢圓。有很多針對橢圓的作圖方法（我們在九年級會做），但在這個例子中，形式的動態形成特質（dynamic quality）很明顯，因為鉛筆**真實地**移動，並得到形式。

練習二十：畫圓不用圓規

一、取一張A4大小的紙板（30×21 cm），以及有長引線的鉛筆或彩色鉛筆，一些纖細的線繩，以及一些不透明或透明的膠帶。

圖4.39

二、將紙卡擺成橫向。

三、畫一條水平線並穿越中心點，然後標示出中點。

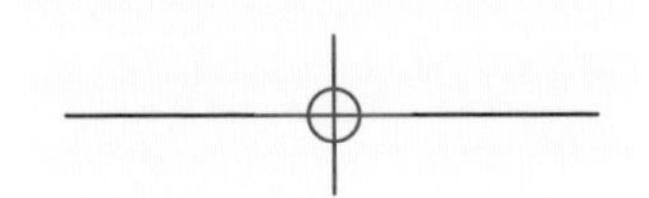

圖4.40

四、現在，在中心點 O 點的左右兩側，各標示出五點，並以1cm 為單位長。

圖4.41

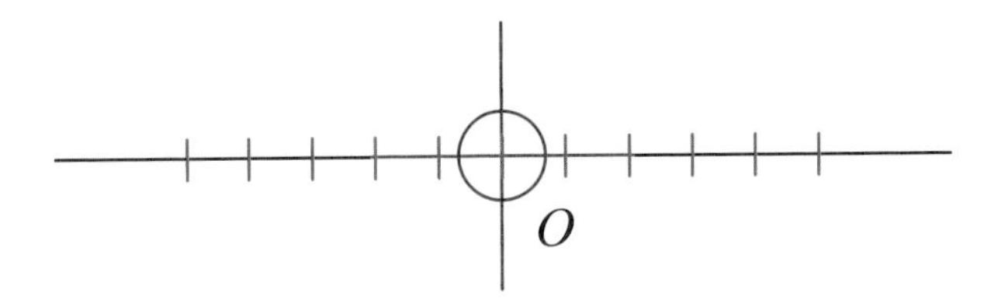

五、取一條大約15cm長的細繩，從其中一個端點起，標示出2.5cm 的距離。再從標示點開始，標示出下一個距離2.5cm的點，依此類推。

六、在 O 點穿個小洞，將細繩對摺後，從背面穿過小洞。直到在前面有兩倍的5cm，用膠帶將細繩固定於背面的2.5cm處。這時候在前面應該留有10cm 的細繩長。

七、好玩的來了，用削尖的鉛筆，使這細繩引線剛好通過這個迴圈，拉緊這個細繩，使得這隻鉛筆的 A 點距離 O 點5cm，保持細繩的緊度，並讓鉛筆在紙卡上垂直地畫出一個路徑，繞圈畫出所有的路徑。我們會畫出什麼？應該是一個半徑5cm的圓。

圖4.42

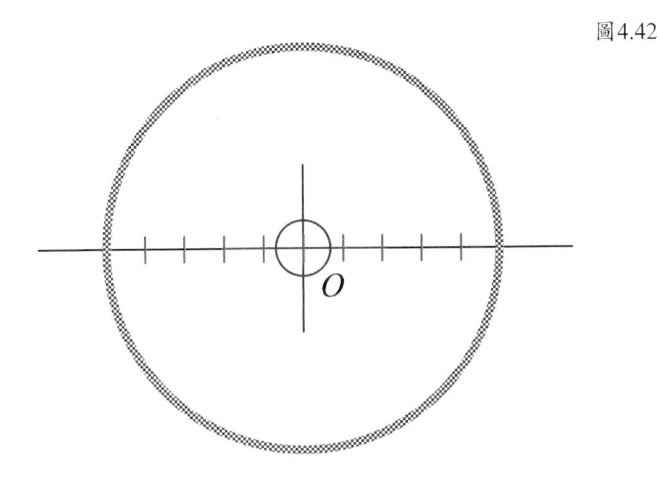

練習二十一：造出橢圓族的一個模型

現在開始有趣了。如果我們移除膠帶並將線拉出，並且再插入繩索（從背面），穿過兩個各自距離 O 點1cm 的 F_1 及 F_2，那麼會發生什麼事？

圖4.43

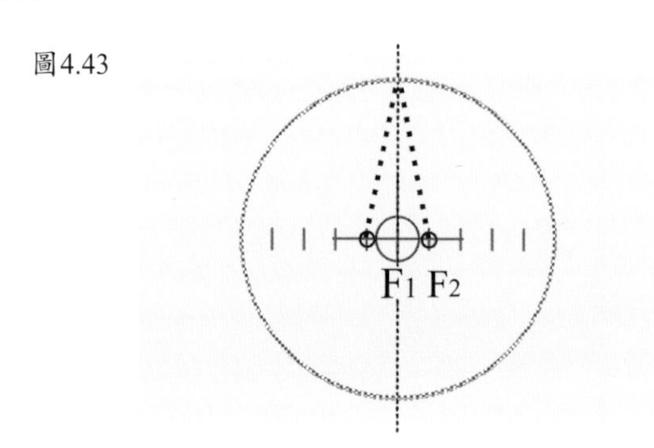

一、穿兩個孔分別是 F_1 及 F_2。重新插入細繩，且要同時通過兩個孔，前面留有10 cm 的長度。

圖4.44

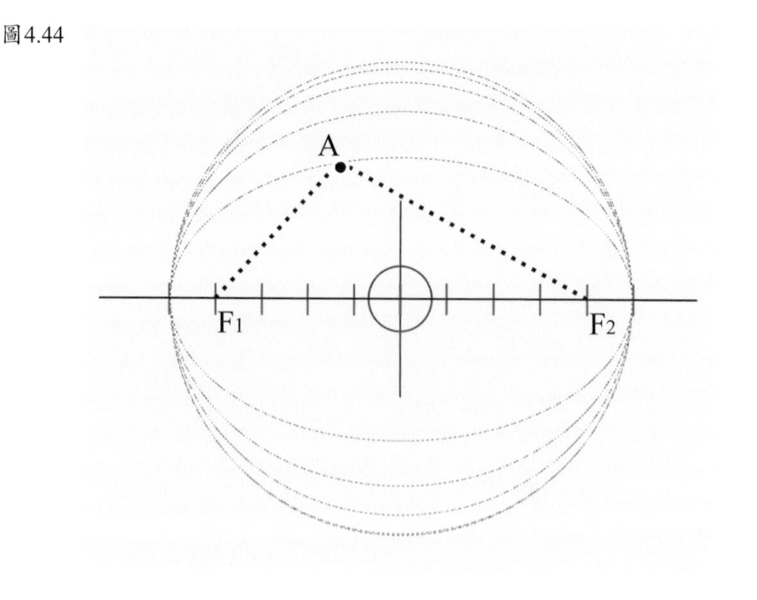

二、再次使用削尖的鉛筆，讓引線通過迴圈，拉緊細繩，使讓鉛筆 A 點距離 F_1 及 F_2 分別是5cm。同樣保持細繩繃緊和鉛筆垂直在紙板上繪圖。全部畫出來。能畫出什麼？應該是一個**橢圓形**。

三、短軸和長軸會是什麼？記住這細繩的長度並沒有改變。垂直高度（短軸的一半，或是半短軸）b，我們可以使用畢氏定理計算，得到：

$b^2 + 1^2 = 5^2$，b是多少？

$b^2 = 5^2 - 1^2$，$b^2 = 25-1$，$b^2 = 24$，$b = \sqrt{24}$，$b = 4.8989$

$b = 4.90$取到小數點後第2位。

四、a的長度（長軸的一半，或是短長軸）是5cm，可用簡單的計算檢驗一下。

五、現在繪製橢圓，其中 F_1 及 F_2 距離O點分別為2、3、4、5cm。你應該得到像圖4.44所示，一個用相同長軸畫出的橢圓族。（針對橢圓，這將是一種計算b值的有效練習）

這些都是必須知道的，或許也有助於規畫學生的作業：如果 c 是 F_1 及 F_2 之間的距離（兩焦點間的距離），那麼，我們發現 $e = c / 2a$，e 為橢圓的離心率，同時 a 是半長軸（通常就是橢圓的橫軸）。

而且，如果 b 是橢圓的半短軸，那麼 $e^2 = 1-(b^2 / a^2)$。

針對上述例子，我們知道 $c = 8$ cm，$a = 5$ cm，那麼e 和 b 又是多少呢？

因此，如果已知：$e = c / 2a$，則 $c = 8 / (2 \times 5) = 8/10=0.8$。

又已知，$e^2 = 1-(b^2 / a^2)$，則 $0.8^2 = 1-(b^2 / 5^2)$，

也就是 $0.64 = 1-(b^2 / 5^2)$，或者 $b^2 / 5^2 = 1 - 0.64$

或者 $b^2 / 5^2 = 0.36$，$b^2 = 0.36 \times 5^2$，或者 $b^2 = 9$，所以 $b = 3$。

檢查所畫的圖，就會了解$a = 5$cm（已知）以及$b = 3$cm（如計算）。

就橢圓本身而言，這樣的理論已足夠，目前也足以控制形式。克卜勒第二定律是很難處理，因此我們置而不論，只要了解距離太陽較近的行星（或彗星）繞行的速度較快。

練習二十二：克卜勒的第三定律

觀察以下表格內容：

	月球	水星	金星	地球	火星	木星	土星
和太陽的平均距離（單位為百萬公里）		57.91	108.21	149.60	227.94	778.34	1427.01
恆星週期（繞行一圈的時間，單位為日）		87.969	224.70	365.26	686.98	4332.59	10,757.20

圖4.45　行星到太陽距離，以及平均軌道週期

一、找出兩個內行星（金星和水星）的單一軌道的地球日數字：

金星：224.7　　水星：87.969

二、找出三個外行星（火星、木星和土星）的單一軌道的地球日的數字：

火星：687.98　　木星：4332.59　　土星：10759.2

三、確定這些時間與地球年的比，假設一個地球年＝365.26天（例如：對水星來說，它將會是 87.969÷365.26 = 0.241 到三位小數）

水星	金星	地球	火星	木星	土星
0.241		1			
	0.615		1.88	11.86	29.456

四、探索第三定律。克卜勒告訴我們，$T^2 = kR^3$，其中 T 是軌道週期，且 R 是行星到太陽距離的平均值，k 是一個常數，取決於使用的單位。在此，取 $k = 0.03984$。

例子：對金星來說，檢視其 $T^2 = kR^3$。當 $k = 0.03984$，在給定條件 $T = 224.701$ 天，平均距離 $R = 108.21$ 百萬公里時，這個公式相當吻合：

左手邊（L.H.S）$T^2 = 224.701 \times 224.701 = 50490$
右手邊（R.H.S）$kR^3 = 0.03984 \times 108.21 \times 108.21 \times 108.21 = 50480$
所以 L.H.S = R.H.S 非常接近。

對於火星來說：
L.H.S　$T^2 = 686.98 \times 686.98 = 471941$
R.H.S　$kR^3 = 0.03984 \times 227.94 \times 227.94 \times 227.94 = 471825$
對於土星來說：
L.H.S　$T^2 = 10759.2 \times 10759.2 = 115760384$
R.H.S　$kR^3 = 0.03984 \times 1427.01 \times 1427.01 \times 1427.01 = 115771158$

五、假設一個小行星，穀神星，距離太陽有 375 百萬公里的平均距離。假設它遵循克卜勒的第三定律，那麼它的軌道週期將會是什麼？
$kR^3 = 0.03984 \times 375 \times 375 \times 375 = 2100937 = T^2$。
所以，$T = \sqrt{2100937} = 1449$ 天。

大的和小的連結

不僅有大的節奏，也有小的節奏。大節奏和小節奏的關係有點像巨觀與微觀——真的嗎？令人驚訝的是，至少有一個例子，還是非常重要的例子。它涉及我們所有人，以及整個太陽系。

人類和宇宙的節奏

柏拉圖年（Platonic Year）與人類壽命的關係，乃至於和吾人一天呼吸次數的關係。這種對應正是魯道夫·史泰納所指出的：「這是我的第一次邂逅。這是一個值得檢驗的關聯性。」

練習二十三：微觀和巨觀節奏的對應關係

一、用一只手錶或計時表，讓學生在課堂上計數他們每分鐘呼吸的次數。

每分鐘呼吸　$B=$ 16到20？

二、找出班上 n 個學生的平均值。

$x=$（班上 B 次數的總和）/ $n=$

這應該大約是18左右，對於這個年齡組而言還是少了一點。

三、現在計算一下每天的呼吸次數是多少。

18次 ×60分鐘 ×24小時＝25920次 / 每天

大約 26,000。

四、做些研究。太陽與群星具有一個週期，就是所謂的柏拉圖年。根據天文學家的評估，這是多長的時間呢？

你可以找到一些數字，大約是在25000 – 26000。

五、如果人類的平均壽命是70年（3×20+10=70）；雖然許多人至今都過得很好，在整體上它可能是一個人類存在於地球上的生命長度。

假設一年大約360天，然後360×70 是多少？　25200。

設一輩子是72年，然後360×72 是多少？　25920

→ platonic cosmic year

圖4.46（圖說文字中譯，參見P.221）

When the sun rises on the first day of Spring (ie. the vernal equinox) it is in a particular constellation. Each year, the place of sunrise at the vernal equinox moves a little bit along the zodiac. This means that in the course of time there is a gradual shift through all the zodiac constellations of the starry world. After a certain period of time, the place of Spring's beginning must again be in the same spot in the heavens and for the place of its rising the sun has travelled once around the entire zodiac. Astronomers have calculated that this journey of the sun takes approx. 25,920 years. This period of time is called the PLATONIC COSMIC YEAR and is also sometimes referred to as the PRECESSION of EQUINOXES.

Thus we find the same interval in the human being (microcosm) as in the largest interval, the macrocosm.

(5)

六、造一個如下表格：

區間	計算	結果
每天的呼吸	18×60×24	25920
人一輩子的天數	360×72＝？	25920
柏拉圖年		25920

我們不僅有非常大以及非常小的節奏，現在我們更發現了，它們透過數字的魔力連結在一起。甚至有一個中介的週期，那就是我們特有的生命本身！將這些擺在一起，全都變得有趣了——人類真的是巨觀中的微觀。人是由上帝的形象被創造的。

謝詞

我要向史泰納學校的許多同事致謝，他們曾與我討論，也運用他們的專業及興趣提供協助，並給我一些挑戰。在數學科的領域，包括柯林斯（Chris Collins）、庫伯（Lynn Cooper）以及萊特（Matthew Wright）。還有一位更早的指引者，利斯卜利基（Cedric Leathbridge）。

我的感謝對象也包括一些學生。在本書中，我收錄了他們的作品，有的列名，有的姓名未知或不確定。還有，我要謝謝這些領域的幾位同好，他們都樂意與我們分享心得，尤其是與我共組「形態學」團體的波斯特（Christal Post）、波頓（David Bowden）以及（已經離開我們的）麥克修（Roger McHugh）。這些人永遠支持這些研究。

同樣地，有一位我永遠視之如師，惠我良多卻也是我虧欠最多的愛德華（Lawrence Edwards）（於2003年去逝），對湯馬士（Nick Thomas）與卡德烏（Graham Calderwood），我也懷著同樣的心情，而希爾（Andrew Hill）則常鼓勵我。傑可布遜（Anne Jacobsen）允許我使用她那令人賞心悅目的作業中的一些素描，對此我十分感激。

過去的學生，如費雪（Luke Fischer）、古德曼（Rosie Goodman）、保羅與丹尼爾兄弟（Paul and Daniel Beasly）、方克（Yasmin Funk）、迪基（Madelaine Dickie）、凡圖恩（Georggia van Toorn）、艾利斯（Jenny Ellis），都曾經挑戰並啟發了我。我也沒有忘記馬可（Marco）、安妮卡（Anika）與克蕾兒（Clare）。泰利（Terry）帶我看了幾隻蝸牛。密斯凱莉（Ashley Miskelly）的海膽讓人驚艷不已。伊蓮（Elaine）給了我她拍攝的樹的照片，並為我介紹夜后（the Queen of the Night）。威廉斯（Anne Williams）編織的雙曲圖形必然會編入下一版的〈孔洞與皺褶〉小節。這些相關的模型，都是由甚至能夠重拾編織技能的學生所創造出來。

對於我研究的這些主題，這些我認為多少有一點數學的東西之模式，所有這些人都有所助益。他們對於本書終稿的正面回饋，我也深懷感激。

最後，我必須感謝內人諾瑪，她所看到的大自然的一些小事，引起我的注意，進入我的知覺與思想寶庫。更不用說她的耐心與探索之心。我祈望這些能永遠持續下去！

約翰·布雷克伍德

參考書目

Abbott, Edwin A. (1999, originally published 1884) *Flatland — A Romance in Many Dimensions,* Shambala, Boston and London

Alder, Ken (2002) *The Measure of all Things,* Little, Brown, London

Ball, Philip (1999) *The Self-Made Tapestry,* Oxford University Press

Bentley W A and Humfreys W J (1962 first published 1931) *Snow Crystals,* Dover Books

Blatner, David (1997) *The Joy of π,* Penguin, London

Bockemühl, Jochen (1992) *Awakening to Landscape,* Natural Science Section, The Goetheanum, Dornach, Switzerland

Bortoft, Henri (1986) *Goethe's Scientific Consciousness,* Institute for Cultural Research

— (1996) *The Wholeness of Nature,* Lindisfarne, New York, and Floris Books, Edinburgh

Casti, John L (2000) *Five More Golden Rules,* John Wiley, New York

Clegg, Brian (2003) *The First Scientist,* Constable, London

Colman, Samuel (1971, first published 1912) *Nature's Harmonic Unity,* Benjamin Blom, New York

Cook, Theodore Andreas (1979, first published 1914) *The Curves of Life,* Dover Books

Critchlow, Keith (1976) *Islamic Patterns,* Thames and Hudson, London

— (1979) *Order in Space,* Thames and Hudson, London

— (1979) *Time Stands Still,* Gordon Fraser, London, and St Martin, New York

Daintith, John and Nelson R. D., (1989) *Dictionary of Mathematics,* Penguin, London

Davidson, Norman (1985) *Astronomy and the Imagination,* Routledge, London

— (1993) *Sky Phenomena,* Lindisfarne, New York, and Floris Books, Edinburgh

Doczi, Gyorgy (1981) *The Power of Limits,* Shambala, Colorado

Eisenberg, Jerome M (1981) *Seashells of the World,* McGraw-Hill, New York

Edwards, Lawrence (1982) *The Field of Form,* Floris Books, Edinburgh
— (2002) *Projective Geometry,* Floris Books, Edinburgh
— (1993) *The Vortex of Life,* Floris Books, Edinburgh
Endres, Klaus-Peter and Schad, Wolfgang (1997) *Moon Rhythms in Nature,* Floris Books, Edinburgh

Folley, Tom and Zaczek, Iain (1998) *The Book of the Sun,* New Burlington, London

Gaarder, Jostein (1995) *Sophie's World,* Phoenix House, London
Garland, Trudi Hammel, *Fascinating Fibonaccis,* Dale Seymour, New York
Ghyka, Matila (1977) *The Geometry of Art and Life,* Dover Books, New York
Gleick, James (1987) *Chaos,* Penguin Books, New York
Golubitsky, Martin and Stewart, Ian (1992) *Fearful Symmetry,* Blackwell, Oxford
Goodwin, Brian (1994) *How the Leopard Changed Its Spots,* Weidenfeld and Nicholson, London
Guedj, Denis (1996) *Numbers: The Universal Language,* Thames and Hudson, London
Gullberg, Jan (1997) *Mathematics, From The Birth Of Numbers,* Norton, New York

Hawking, Stephen (2001) *The Universe in a Nutshell,* Bantam, London
Heath, Thomas L. (1926) *The Thirteen Books of Euclid,* Cambridge University Press
Hoffman, Paul (1998) *The Man Who Loved Only Numbers,* Fourth Estate, London
Holdrege, Craig (2002) *The Dynamic Heart and Circulation,* AWSNA, Fair Oaks
Hoyle, Fred (1962) *Astronomy,* Macdonald, London
Huntley, H. E. (1970) *The Divine Proportion,* Dover Books

Kollar, L. Peter (1983) *Form,* privately published, Sydney
Kuiter, Rudie H (1996) *Guide to Sea Fishes of Australia,* New Holland, Sydney

Livio, Mario (2002) *The Golden Ratio,* Review, London
Lovelock, James (1988) *The Ages of Gaia,* Oxford University Press

Maor, Eli (1994) *The Story of a Number,* Princeton University Press
Mandelbrot, Benoit B (1977) *The Fractal Geometry of Nature,* W. H. Freeman, New York

Mankiewicz, Richard (2000) *The Story of Mathematics,* Cassell, London
Marti, Ernst (1984) *The Four Ethers,* Schaumberg Publications, Roselle, Illinois
Miskelly. Ashley (2002) *Sea Urchins of Australia and the Indo-Pacific,* Capricornia Publications, Sydney
Moore, Patrick and Nicholson Iain (1985) *The Universe,* Collins, London

Nahin, Paul J (1998) *The Story of* $\sqrt{-1}$*,* Princetown University Press

Pakenham, Thomas (1996) *Remarkable Trees of the World,* Weidenfeld & Nicolson, London
Peterson, Ivars (1990) *Islands of Truth,* W. H. Freeman, New York
Peterson, Ivars (1988) *The Mathematical Tourist,* W. H. Freeman, New York
Pettigrew, J. Bell (1908) *Design in Nature,* Longs, Greens and Co., London
Plato, *Timaeus*
Posamentier, Alfred S, and Lehmann, Ingmar (2004) *A Biography of the World's Most Mysterious Number,* Prometheus Books, New York

Richter, Gottfried (1982) *Art and Human Consciousness,* Anthroposophic Press, New York, and Floris Books, Edinburgh
Ruskin, John (1971, originally 1857) *The Elements of Drawing,* Dover Books

Saward, Jeff (2003) *Labyrinths & Mazes,* Gaia Books, Stroud
Schwenk, Theodor (1965) *Sensitive Chaos,* Rudolf Steiner Press, London
Sheldrake, Rupert (1985) *A New Science of Life,* Anthony Blond, London
Sobel, Dava (2005) *The Planets,* Fourth Estate, London
Steiner, Rudolf (1984, originally 1923) *The Cycle of the Year,* Anthroposophical Press, New York
— (1972, originally 1920) *Man: Hieroglyph of the Universe,* Rudolf Steiner Press, London
— (1960, originally 1922) *Human Questions and Cosmic Answers,* Anthroposophical Publishing Company, London
— (1991, originally 1914) *Human and Cosmic Thought,* Rudolf Steiner Press, London
— (1947, lectures given in December 1918) *How can Mankind find the Christ again,* Anthroposophic Press, New York
— (1961) *Mission of the Archangel Michael, 6* lectures given in Dornach, Switzerland, in 1919, Anthroposophic Press, New York, USA
— (1997, originally 1910) *An Outline of Esoteric Science,* Anthroposophic Press, New York
— *The Relation of the Diverse branches of Natural Science to Astronomy,* 18 lectures given in Stuttgart, Germany, in 1921

— (1983) *The Search for the New Isis, Divine Sophia,* Mercury Press, New York

Stevens, Peter S. (1974) *Patterns in Nature,* Penguin, New York

Stewart, Ian (1989) *Does God Play Dice,* Penguin

— (1998) *Life's Other Secret,* Penguin

Stewart, Ian (2001) *What Shape is a Snowflake?* Weidenfeld and Nicolson, London

Stockmeyer, E.A.K (1969) *Rudolf Steiner's Curriculum for Waldorf Schools,* Steiner Schools Fellowship

Strauss, Michaela (1978) *Understanding Children's Drawings,* Rudolf Steiner Press, London

Tacey, David (2003) *The Spirituality Revolution,* Harper Collins, Sydney

Thomas, Nick (1999) *Science between Space and Counterspace,* Temple Lodge Books, London

Thompson, D' Arcy Wentworth (1992, originally 1916) *On Growth and Form,* Dover Books

Van Romunde, Dick (2001) *About Formative Forces in the Plant World,* Jannebeth Roell, New York

Wachsmuth, Guenther (1927) *The Etheric Formative Forces in Cosmos, Earth and Man*, New York

Wells, David (1986) *The Penguin Book of Curious and Interesting Numbers,* London

Wolfram, Stephen (2002) *A New Kind of Science,* Wolfram Media

Whicher, Olive (1952) *The Plant Between Sun and Earth,* Rudolf Steiner Press, London

— (1971) *Projective Geometry,* Rudolf Steiner Press, London

— (1989) *Sunspace,* Rudolf Steiner Press, London

Zajonc, Arthur, (1993) *Catching the Light,* Bantam, New York

索引

內文附圖文字翻譯

P.30

圖1.25 各式各樣的六邊形(由左而右)

密鋪平面。
它是對稱的。
它有六個角或頂點。
它有六條線。
它由大小相等的六個等邊三角形構成。
如果是正六邊形的話，可以畫個外接圓；可以畫一個內切圓。
六邊形可見於石英或水晶、電氣石，或是巨人堤道、蜂巢基座、人類細胞的形狀、百合花，以及各種雪花的形狀。

P.45

圖1.52 尋找斐波那契數列

我們觀察到：
芹菜莖有 1&2 個螺旋；松果有 5&8、2&3、3&5 個螺旋；雛菊有21&34個螺旋；鳳梨有8&13個螺旋；向日葵有65&89、89&144個螺旋，還有更多。
這些數字的共同點是什麼？它們都是斐波那契數列，以十三世紀的斐波那契(Leonardo Fibonacci)為名。這個系列可以無窮延伸。

P.65

圖2.1 導引的主題

數學之美
思考即力量
愛意即創造
存在意即流出真理和美
——畢達哥拉斯

因為戰士必須學數字的藝術，否則便不知道如何部署軍隊；哲學家也必須學它，因為他要超越變化的海，攫住本質，所以非是算術家不可。算術具有很大的上達性的效果，迫使靈魂就抽象的數目推理。

——柏拉圖《理想國》

P.67

圖2.3 逢三進位

數的基底或基數
以 10 為基數或十進位系統，使用十個符號，這是我們最熟悉的計數系統，數到了 10，我們就會重新使用相同的記號。
例如：

6735 是以下的速記：
$6000 + 700 + 30 + 5$ 或
$6\times 1000 + 7\times 100 + 3\times 10 + 5\times 1$
或
$6\times 10^3 + 7\times 10^2 + 3\times 10^1 + 5\times 10^0$

這是普通寫法！
有個原住民方言的記法為：

mal (1); bularr (2); guliba (3); bular bular (4); bular guliba (5); guliba guliba (6)

這個系統是以3 為基數，如以下階梯狀。

P.68

圖2.4 質性與定量

關於數的性質：

計數

六顆橘子，兩輛汽車，五根手指，這些都是無形的整體。在計數時，我們會用到所謂自然數或計數(counting number)。有時候會取決於計數的對象。

量和質

數可能有兩個層面，天上和地下的，各自代表質的層面和量的層面。

質的層次

這個層面是度量。它有兩種度量——在平面上。
距離記錄一條線上的長度。
角記錄繞著一個點的度量。一圈是 360°

P.69

圖2.5 天上的或質的

度量單位有很多，距離有一呎、一吋、一肘、一公尺、一公里等等。角則有度數和弳度。這是單位圓上半徑張開的圓心角。繞著一個點大約可以有六個弳度。

質

天上的層面表現在關係裡，以及對於數的質的進路。

一：……是一個整體，一個單位，自身完整。希臘人不把它當成數，而是個「單子」(monad)，萬物都源自於此。

二：意味著對立，兩面性，例如：熱與冷、高與低，愛與恨。顏色也成對偶：紅與綠、橙與藍等等。

三：這是畢達哥拉斯學派的第一個數。因為它是一個起點，一個中點，一個終點。在希臘神話裡，有命運三女神、復仇三女神、優美三女神、繆思三女神；誓詞要說三次，三角形有三個邊……

P.72

圖2.7 現代數目122405的埃及符號表示

數字的表示法

埃及的數字符號

權杖(1)；腳踝骨(10)；圓圈(100)；睡蓮(1000)；手指或彎曲的蘆葦(10000)；魚或蝌蚪(100000)；驚訝的人或頂天的神(1000000)

例如說：

上圖即：

$5\times10^0+4\times10^2+2\times10^3+2\times10^4+1\times10^5$

$=1(10^5)+2(10^4)+2(10^3)+4(10^2)+5(10^0)$

$=100000+20000+2000+400+5$

$=122405$

我們的數字系統裡有位值(place value)(0)，但是埃及人沒有。因此對1800BC的埃及人而言，

——沒有位值

——數字有上限(最大到10^6)

——每次進位都要有新的記號

——需要十進位系統

後來埃及人發現一個表示極大數字的方法(如圖)。

P.78

圖2.9 二進位數

使用兩個記號，開和關，例如10010(其中每個記號都代表一個二的乘冪)。

P.80

圖2.10 一種度量方式：腕尺

度量的單位

我們為什麼要測量？為了比較事物，它們的長度、大小、面積、體積和時間長度。

在早期人類歷史裡，人造品都是模擬人的形式，人是其標準。後來地球表面才成為測量的標準(公尺)。更後來才是可見光的波長。巴比倫人和埃及人很久以前就會用「一肘」為單位，也就是從指尖到手肘的長度。

在歷史上的一肘：埃及是 52.3 cm；巴比倫是 49.61 cm；亞述：55.37 cm；小亞細亞：51.74 cm。

P.81

圖2.11 從國王的前臂到光的波長

和人類身體有關的有：

指寬：食指的寬度，19 mm

手：標準約為4" 或 10.2 cm

跨距：大約 24 cm

步幅：大約……

噚：大約 6 呎或 183 cm

巴比倫天才和自然：穀粒的重量

後來則是國王小臂的長度，然後是……

從北極到赤道的距離除以10,000,000

也就是：1 公尺＝1/4 地球周長 ÷10,000,000

後來是：

某個顏色的光的波長：

1 公尺＝1553164.13 × 鎘紅光波長

此即我們的「標準」的演進，至少就長度而言。

P.103

圖2.31 邊長 3-4-5的直角三角形

畢達哥拉斯定理

一個通常認為是出自畢達哥拉斯的定理，在古代世界卻鮮為人知。又稱為歐幾里德七分之四命題；新娘定理；杜卡農定理；木匠定理；風車定理；方濟會修士袍。很多郵票上都有它。

P.117

大地之母展現各式各樣結晶的、多面的形式。許多小型植物、動物和細菌的形狀都有規則性的幾何構造。如果我們要研究它們，就必須發現某些空間的定律和立體的幾何。

我們可以從空間中最簡單的形體著手。有五種形體，統稱為柏拉圖立體，因為柏拉圖最早提到它們。

埃及人很早以前就知道它們。他們發現二十面體，在歐幾里德的第十三卷也有完整的說明，甚至早在新石器時代的蘇格蘭，就有以小花崗石在表面代表這五種立體。它們的使用方法至今成謎。

所有這些形體（除了其中一個）都可以由密鋪平面構成。其中一個形體是六面體，這是由許多密鋪平面得到的正方形構成的。我們以很特別的方式將許多正方形摺成六面體。

P.118

圖 3.7 柏拉圖《蒂邁歐篇》

《蒂邁歐篇》摘錄：

由於神想要萬物皆善，盡量沒有惡，因此，當他發現整個可見的世界不是靜止的，而是處於紊亂無序的運動中時，他就想到有序無論如何要比無序好，就把它從無序變為有序。——柏拉圖

P.119

圖 3.8 等分圓

基本三角形

自然數或基數列：

1 2 3 4 5 6 7 8 9 10 11 12 13……

一開始很簡單，從數列取三個連續數字。我們取3、4、5，作為圓的360°的除數。

角

得到的角的大小是：120°、90°、72°。作圖如下。

P.121

圖 3.10 圓內接正多邊形

等邊三角形、正方形、五邊形

等邊三角形，所有邊都相等。正方形，正四邊形。正五邊形，各個邊都相等的五邊形。

柏拉圖最早提到五個立方體所需的內接於一個圓的三角形、四邊形、五邊形。他用許多直角三角形做出這三個形狀。

P.122

圖 3.11 正立方體摺紙

摺出六面體

畫好下面展開圖並剪好。以特殊方式摺疊。依序將奇數面摺在偶數面下，直到13 摺進去。六面體就完成了。

在發展進一步的形狀前，要建立同樣的構造方法：二等分、垂直正交、60&70 ∠ ’s。

P.125

圖 3.13 特殊三角形的邊長

在畢達哥拉斯定理裡，斜邊的平方等於其他兩邊的平方和。

P.126

圖 3.14 碗和馬鞍

碗形

如果改變相對於一個平面形狀的中心點的周長會怎樣？

如果將一只塑膠圓盤內部壓扁，會漸漸變成一只碗形。

馬鞍形

另一方面，如果改變同一只塑膠圓盤的外圍，會變得起伏不平，邊緣折成馬鞍形。

P.128

圖 3.15 規則形狀構成的「碗」

平面三角形

當由六個三角形構成的六邊形的周邊增加或減少若干三角形，會有類似的情況發生。

平面六邊形：移走兩個三角形會變成碗形（立體的一半）；加上兩個三角形會變成馬鞍形。

柏拉圖立體可以思考成由正多邊形（等邊三角形、正方形、正五邊形）發展成的碗形，當它們的周邊緊接在一起。例如說，四個等邊三角形可以構成正四面體，是柏拉圖立體之一。

P.133

圖 3.24 四面體展開圖

四面體

從平面密接可以得出四面體。需要四個等邊三角形。如此構成的四面體有四個面、六個邊，四個頂點。這是個四面的金字塔。柏拉圖認為這個形狀和火有關。「因此，金字塔形的立體會是火的元素和種子⋯⋯」這是所需頂點和邊的數目最少的形狀。

P.135

圖 3.27 柏拉圖的火元素

根據柏拉圖的火的形狀以及形成它的平面。所有其他正多面體所需的元素都比四面體多。它也是碳結構的基礎，四條垂直線相交得到金字塔的中心點，碳也構成生命體開展生命的結構基礎。當四面體沿著兩個對反的方向展開，讓我想到一張世界大地圖。

P.141

圖 3.33 正八面體：柏拉圖術語中的「氣」之形式

柏拉圖認為八面體代表空氣。由八個正三角形構成的立體，可見於許多結晶形式，包括氟石和黃鐵礦。下圖為氟石晶體、海綿的針狀結構以及八面體放射蟲。

P.147

圖 3.41 正六面體與柏拉圖立體

「讓我們把立方體指定給土，因為在四種元素中，土是最不活動的，又是最富黏性的⋯⋯」《蒂邁歐篇》如是說。立方體或六面體，在柏拉圖的立體裡，是唯一可以填滿空間而沒有空隙的。它所有的角都是直角，所有的面都是正方形。和六面體對偶的形式是八面體，因為對前者的每一面而言，都和後者有一個點對應。許多結晶體都是以立方體結構為基礎，例如氟石、岩石、鹽、方鉛礦、黃鐵礦，以及其他金屬，銅、金和銀。五個立方體可以嵌入一個十二面體，一個立方體裡頭可以嵌入兩個穿插的四面體。

P.153

圖 3.49 正二十面體

三個黃金矩形直角對稱橫切，可以作為二十面體的基底，柏拉圖認為它代表水元素。

P.161

圖 3.59 正十二面體結構

歐幾里德《幾何原本》第十三冊結尾談到正十二面體，它可以說是古代希臘幾何學的終點。三個黃金矩形彼此的直角會內接它們中心的十二面。它可以由五個六面體或五個四面體組成。它是二十面體的雙重形式。當它由內往外翻，會露出六邊形的圖形。《蒂邁歐篇》說那是「第五種複合而成的立體，被神用來界定宇宙的輪廓⋯⋯」，因此也被認為是整個黃道十二宮的平面，它本身是宇宙的元素。

P.166

圖 4.2 簡介：太陽及心臟

導論：

人的表面和太陽圈，《傳道書》的詩句幾乎已經說得很清楚了。

這篇報告的目的是要觀察、比較和理解在人體和在太陽系或太陽圈的節奏和週期，最後檢視兩者的對應關係。

在宇宙和人體裡的節奏已經很明顯了，我們只要著眼於一個主要的節奏系統就行了：人類的心臟以及太陽系中心的太陽。

若干人類的節奏：

- 心跳的節奏，每分鐘 72 下。
- 呼吸的節奏。
- 細胞生死的節奏。
- 消化的節奏，平均 24 小時。
- 睡眠和清醒的節奏。

若干宇宙的節奏

- 地球每天的節奏，黑夜和白晝，24 小時
- 季節的節奏，冬春夏秋。
- 潮汐的節奏，大約 12 小時。
- 月球每月的節奏，大約 28 天。
- 太陽轉動的節奏，赤道約 26.8 天，兩極約 31.8 天。
- 太陽黑子的週期，大約 11 年。

P.180

圖4.18 正八邊形

阿基米德得出在兩個數之間（如圖示）。他是用窮舉法（exhaustion）得到的：找一個圓的內接多邊形和外切多邊形，得出其周長。以下是內接正八邊形和外切正八邊形。阿基里德用九十六邊形！

P.183

圖4.20 一個30腕尺長的線度量它的周長

「他又鑄一個銅海，樣式是圓的，高五肘，徑十肘，圍三十肘……」《舊約聖經・列王紀上》7:23。歷史上有許多 π 的估算結果：亞伯特（Albert of Saxony, ca. 1365）、阿耶波多（Aryabhata, c. 510）、普利沙（Pulisa）、祖沖之。

P.185

圖4.21 圓的圓周

克卜勒第三定律蘊含著一個平均幾何半徑。意思是一個圓的半徑。我們便可以探討該圓的形式或結構。

不管大小，圓周（C）和直徑（D）的關係（如圖）。由此得出，不管圓的大小，圓周／直徑比為C/D（大約 3.1419）。圓的越大，精確度就越高。為什麼？因此，C/D ＝ π

P.187

圖4.22 一個圓的分割重組後的圓面積，近似於一個長方形的面積

c/d 比（周長/直徑）自古以來一直被認為是常數。在早期埃及人（～1650BC）的測量和巴比倫人的問題（～960BC）裡可以看到估計值。我們知道任何大小的圓的c/d 都是常數，稱為常數 π 。它是希臘文字母，因為它是「Peritheria」（周長）的第一個字母。

π 是很特別的數：它是無理數（沒辦法寫成分數），在十進位裡它既是無窮的也不會重複。它屬於一組稱為「超越數」的無理數，若干世紀以來，它一直是數學家廢寢忘食的來源。現代的電腦在幾分鐘內可以計算到小數點以下數千位，而德國的范科伊倫（Ludolph van Ceulen, 1540-1610）卻花一輩子時間才算到小數點以下35位，利用2^{62}面的多邊形。在德國，π 通常稱為「魯道夫數」。

P.199

克卜勒第三定律

在以下圖表裡，距離單位是一個天文學單位（也就是從地球到太陽的距離），週期單位是一個地球年（地球繞行太陽一圈的時間）。

克卜勒第三定律說，對於我們太陽系的行星而言，週期平方除以半徑立方會得到常數。在這個太陽圈裡有基本的統一性以及和諧。克卜勒發現發現了何以如此，可以直到牛頓才加以解釋。

P.207

柏拉圖的宇宙年

當春天太陽第一次升起（也就是春分），它是一個特別的星座排列。每一年春分太陽升起的位置都會往黃道帶靠近一點。這意味著恆星世界的黃道十二宮會漸漸位移。在某一段時間裡，春天開始的位置必須回到同一個點上，太陽升起的位置也繞了黃道帶一圈。天文學家估算要25920年。這一段時間就叫作「柏拉圖宇宙年」，有時候也叫「分點歲差」。我們看到人體（微觀宇宙）也有和巨觀宇宙相同的時間間隔。

國家圖書館出版品預行編目資料

數學也可以這樣學
約翰．布雷克伍德 John Blackwood 著　洪萬生、廖傑成、陳玉芬、彭良禎 譯
初版. -- 臺北市：商周出版：家庭傳媒城邦分公司發行
2016.1　面；　公分
譯自：Mathematics in nature, space and time
ISBN 978-986-272-951-9（平裝）
1.數學 2.通俗作品
310　　104027318

數學也可以這樣學

原著書名／Mathematics in Nature, Space and Time
作　　者／約翰．布雷克伍德 John Blackwood
譯　　者／洪萬生、廖傑成、陳玉芬、彭良禎
責任編輯／陳玳妮
版　　權／林心紅

行銷業務／李衍逸、黃崇華
總 編 輯／楊如玉
總 經 理／彭之琬
法律顧問／台英國際商務法律事務所　羅明通律師
出　　版／商周出版
城邦文化事業股份有限公司
台北市中山區民生東路二段141號4樓
電話：(02) 2500-7008　傳真：(02) 2500-7759
E-mail：bwp.service@cite.com.tw
發　　行／英屬蓋曼群島商家庭傳媒股份有限公司城邦分公司
台北市中山區民生東路二段141號2樓
書虫客服服務專線：02-25007718．02-25007719
24小時傳真服務：02-25001990．02-25001991
服務時間：週一至週五09:30-12:00．13:30-17:00
郵撥帳號：19863813　戶名：書虫股份有限公司
讀者服務信箱E-mail：service@readingclub.com.tw
歡迎光臨城邦讀書花園　網址：www.cite.com.tw

香港發行所／城邦（香港）出版集團有限公司
香港灣仔駱克道193號東超商業中心1樓
Email：hkcite@biznetvigator.com
電話：(852) 25086231　傳真：(852) 25789337

馬新發行所／城邦(馬新)出版集團　Cite (M) Sdn. Bhd.
41, Jalan Radin Anum, Bandar Baru Sri Petaling,
57000 Kuala Lumpur, Malaysia
電話：(603) 90578822　傳真：(603) 90576622

封面設計／黃聖文
排　　版／藍天圖物宣字社
印　　刷／卡樂彩色製版印刷有限公司
經 銷 商／聯合發行股份有限公司
電話：(02)2917-8022　傳真：(02)2911-0053
地址：新北市231新店區寶橋路235巷6弄6號2樓

■2016年1月7日初版　Printed in Taiwan
□定價／380元

Original title: Mathematics in Nature, Space and Time
by John Blackwood

ISBN 978-986-272-951-9

廣　告　回　函
北區郵政管理登記證
台北廣字第000791號
郵資已付，免貼郵票

104 台北市民生東路二段141號2樓

英屬蓋曼群島商家庭傳媒股份有限公司

城邦分公司　收

請沿虛線對摺，謝謝！

書號：BO6024　書名：數學也可以這樣學　編碼：

請於此處用膠水黏貼

讀者回函卡

不定期好禮相贈！
立即加入：商周出版
Facebook 粉絲團

感謝您購買我們出版的書籍！請費心填寫此回函卡，我們將不定期寄上城邦集團最新的出版訊息。

姓名：________________ 性別：☐男 ☐女

生日：西元________年________月________日

地址：________________

聯絡電話：________________ 傳真：________________

E-mail ：

學歷：☐ 1. 小學 ☐ 2. 國中 ☐ 3. 高中 ☐ 4. 大學 ☐ 5. 研究所以上

職業：☐ 1. 學生 ☐ 2. 軍公教 ☐ 3. 服務 ☐ 4. 金融 ☐ 5. 製造 ☐ 6. 資訊
☐ 7. 傳播 ☐ 8. 自由業 ☐ 9. 農漁牧 ☐ 10. 家管 ☐ 11. 退休
☐ 12. 其他________________

您從何種方式得知本書消息？

☐ 1. 書店 ☐ 2. 網路 ☐ 3. 報紙 ☐ 4. 雜誌 ☐ 5. 廣播 ☐ 6. 電視
☐ 7. 親友推薦 ☐ 8. 其他________________

您通常以何種方式購書？

☐ 1. 書店 ☐ 2. 網路 ☐ 3. 傳真訂購 ☐ 4. 郵局劃撥 ☐ 5. 其他________

您喜歡閱讀那些類別的書籍？

☐ 1. 財經商業 ☐ 2. 自然科學 ☐ 3. 歷史 ☐ 4. 法律 ☐ 5. 文學
☐ 6. 休閒旅遊 ☐ 7. 小說 ☐ 8. 人物傳記 ☐ 9. 生活、勵志 ☐ 10. 其他

對我們的建議：________________

____

____

請於此處用膠水黏貼